总主编 周卓平 蒋 柯

做情绪的主人

情绪管理与健康指导手册

第一册

压力与情绪

本册主编 黄睿智 蒋 柯

上海教育出版社
SHANGHAI EDUCATIONAL
PUBLISHING HOUSE

周卓平

　　浙江省诸暨市总工会党组成员、副主席。中央广播电视大学汉语言文学专业毕业。一直致力于学习研究坚持和发展新时代"枫桥经验"，努力构建"源头参与、基层自治、就地化解"的工会基层治理新模式，积极构建职工心理健康服务体系，研究情绪管理在工作、生活、人际交往中的重要性，参与研发的人工智能身心减压舱取得浙江省工业新产品认定，主要负责起草了《职工情绪管理服务站建设和服务规范》的地方性技术规范。

蒋　柯

　　心理学博士，温州医科大学精神医学学院教授、应用心理学国家一流专业建设单位专业负责人。中国心理学会理论心理学与心理学史专业委员会委员，浙江省社会心理学会理事。主要研究推理与决策的认知行为特征、人工智能的理论基础与认知逻辑、心灵哲学、进化心理学。主持国家社会科学基金项目、教育部项目以及温州市哲学社会科学项目等多项课题。在国内外有影响力的期刊发表论文70余篇，出版专著、译著和教材10余部。

陈 莉

温州医科大学精神医学学院教授、博士生导师。美国纽约州立大学访问学者，浙江省社会心理学会常务理事，浙江省心理卫生协会理事，浙江生命健康学会联合体理事，浙江省"151"人才，温州市人文社科领军人才等。主要研究方向为婚姻家庭心理学、特殊儿童心理健康与行为问题、身心医学。主持国家社会科学基金项目、浙江省各类课题10余项。在国内外权威核心刊物发表论文60余篇，出版学术专著和教材多部。

孙雨圻

温州医科大学精神医学学院讲师。中国科学院大学心理研究所基础心理学博士，在德国汉堡大学艾本多夫医学中心完成博士后训练。浙江省社会心理学会理事，浙江省康复医学会临床心理治疗专业委员会青年委员。研究兴趣广泛，开展跨学科领域的研究和合作。

唐 鸣

浙江唐小甜科技有限公司董事长，浙江省工业新产品（国际先进）发明组织人（浙江省工业厅），好情绪教育咨询志愿服务队队长，入选浙江万人"活雷锋"。

《做情绪的主人——情绪管理与健康指导手册》
编 委 会

总 主 编 周卓平 蒋 柯

副总主编 陈 莉 孙雨圻 唐 鸣

编委会成员 （以姓氏笔画为序）

王志琳 王啸天 朱莎莎 刘小月 刘鸿娇

孙雨圻 邹 洋 沈慧清 陈 莉 林春婷

周卓平 胡 可 胥 良 唐 鸣 黄睿智

梅思佳 梁 琪 蒋 柯 谢晓丹

序言

　　"枫桥经验"作为基层治理的民间试验，其时代意义得到了有效的总结和提炼，但应该如何在理论上论证"枫桥经验"与社会治理在逻辑上的融贯性？如何实现新时代"枫桥经验"的创新性表达？社会治理表达了自上而下的应然逻辑，基层治理则表达了自下而上的实然逻辑。这两种思路如何在理论研究与社会实践中实现统一？在新时代数字化、智能化、智慧化背景下，如何实现政府、社区、基层组织以及居民等多元主体共同参与的基层治理联动机制？

　　对这些问题的回答，需要在社会治理理论建构的基础上，运用应然逻辑来理解"枫桥经验"的历史内涵，运用实然逻辑来解释基层治理的实际问题，以情绪调节为切入点，以矛盾调解为抓手，构建理论研究与社会实践相统一的基层治理的数智化工作模式。唯有如此，才能在理论研究中体现社会服务的职能，在社会服务中实现理论研究的价值。

1

一、"枫桥经验"的历史积累与现实担当

"枫桥经验"是浙江省诸暨市（原诸暨县）枫桥镇的干部群众自 20 世纪 60 年代开始探索并实践的一种基层群众自治方略，在不同时代表达了不同的实践主题（见表 1）。1963 年 11 月，毛泽东对"枫桥经验"作出批示，"各地仿效，经过试点，推广去做"。2003 年，时任浙江省委书记的习近平同志在"纪念毛泽东同志批示'枫桥经验'40 周年暨创新'枫桥经验'大会"上指出了新时期践行"枫桥经验"的重要意义；2013 年，习近平总书记对"枫桥经验"作出重要指示："把'枫桥经验'坚持好、发展好，把党的群众路线坚持好、贯彻好。"2022 年 10 月在中国共产党第二十次全国代表大会上，习近平总书记再次强调，要在社会基层坚持和发展新时代"枫桥经验"。

表 1 "枫桥经验"在不同时代的实践主题

时 代	主 题
20 世纪 60—70 年代	在毛泽东思想的指引下，创造了发动和依靠群众，做到矛盾不上交，就地解决，实现捕人少，治安好，即"枫桥经验"。
20 世纪 80—90 年代	提出"社会治安综合治理"的概念，成为"社会管理"向"社会治理"转型的先行试验区。
21 世纪以来	凝练出"小事不出村、大事不出镇、矛盾不上交"的基层矛盾化解新机制和新方法，形成了新时代"枫桥经验"的标志性成果。

2023 年 9 月 23 日，习近平总书记视察"枫桥经验"发源地诸暨市枫桥镇，参观了枫桥经验陈列馆，再次作出重要指示："要坚持好、发展好新时代'枫桥经验'，坚持党的群众路线，正确处理人民内部矛盾，紧紧依靠人民群众，把问题解决在基层、化解在萌芽状态。"

近年来，围绕"枫桥经验"的学术研究层出不穷，呈逐年上升趋势。根据中国知网检索结果，截至 2023 年 6 月，围绕"枫桥经验"的研究文章有 3 500 多篇；文章的主要主题词分布如图 1 所示。通过主题词分析，我们不难发现，"基层社会治理""社会治理""矛盾纠纷""基层治理"等构成了"枫桥经验"研究的中心主题。同时，"社会治理现代化""社会治理创新"等主题也逐渐增加。这些研究体现了"枫桥经验"群众路线的历史传承在新时代的创新性发展。一套结合数智化技术，构建全民参与、全天候守护的群防、群治的基层社会治理的理论模型已经初步建立。

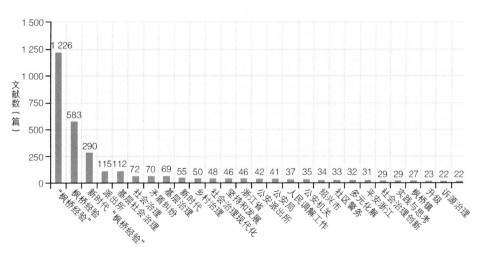

图 1 "枫桥经验"文章的主要主题词分布

二、社会治理的应然逻辑与"枫桥经验" 实然逻辑的逻辑环路

关于"治理"的研究发端于 20 世纪 90 年代。1992 年，时任德国总理勃兰特（Willy Brandt）发起倡议成立了"全球治理委员会"（The Commission on Global Governance）。"社会治理"（social governance）替代"社会管理"（social management），体现了党和政府的执政理念"从传统的一元、线性的管理模式向多元、系统化治理范式转变的巨大决心"。[①]

国内其他学者进一步指出，社会治理是党和政府、各种社会组织、公民等多种主体在相互信任和合作的基础上，为实现公共利益，围绕社会事务管理而发生的博弈、协商、合作等互动过程，包括治理理论、治理技术和治理手段等多层面的统一。[②③④⑤]

相应地，基层治理的实践凸显了心理学转向与数智化赋能的新时代特征。心理学介入基层治理的研究与实践，助力了基层治理实

[①] 杨玉芳, 郭永玉. (2017). 心理学在社会治理中的作用. 中国科学院院刊, 32(2), 107-116.

[②] 张康之. (2021). 论风险社会中的合作共同体. 公共治理研究, 33(5), 11-20.

[③] 戚学祥, 钟红. (2014). 从社会管理走向社会治理. 探索, (2), 66-69.

[④] 范如国. (2015). 复杂性治理: 工程学范型与多元化实现机制. 中国社会科学, (10), 69-91+205.

[⑤] 王浦劬. (2021). 推进国家治理现代化的基本理论问题. 中国党政干部论坛, (11), 10-17.

践问题的解决和社会心理服务体系的建设，发挥了心理学的学科优势和咨政建言的智库作用。数智化赋能通过协同化、平台化、规范化和安全化发展的实施框架，促进了基层治理的现代化进程，使基层治理的效能得到提升。①②③

通过文献检索与实践调研，我们发现，在社会治理的理论阐述与基层治理实践之间存在两套独立的逻辑体系：自上而下的社会治理的应然逻辑，自下而上的基层治理的实然逻辑（如图2所示）。

社会治理的应然逻辑体现了自上而下的从认知到实践的政策引领路径：第一，社会治理的战略目标是创造和谐稳定的社会环境；

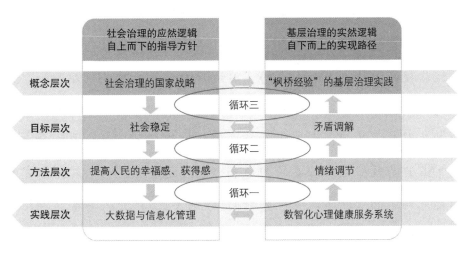

图2　从社会治理到"枫桥经验"的逻辑环路

① 王俊秀．（2020）．多重整合的社会心理服务体系：政策逻辑、建构策略与基本内核．心理科学进展，28(1)，55–61.
② 辛自强．（2020）．理性的达成：社会治理心理学的思考．中州学刊，(3)，7–13.
③ 李璎．（2021）．数智赋能市域社会治理现代化的短板、提升路径与政策优化．未来与发展，45(11)，13–17.

第二，社会治理的工作方略是解决涉及群众切身利益的矛盾和问题；第三，通过网格化管理、信息化平台，及时把矛盾纠纷化解在基层。

基层治理的实然逻辑则表现为基于数智化技术的基层人际调解实现策略：第一，"枫桥经验"是社会治理的基层实践模式；第二，基层治理的核心内容是矛盾调解；第三，及时调节当事人的情绪是化解矛盾的关键；第四，数智化技术可以促进实际情景中情绪调节功能的实现。

以往的理论研究与基层治理实践往往存在这样一些问题。首先，在研究层面，没有形成从社会治理到"枫桥经验"的逻辑闭环。围绕社会治理的研究大多聚焦于政策、法律问题，采取自上而下的应然逻辑视角，缺少自下而上的实然逻辑的考量；对"枫桥经验"的研究则更多聚焦于行政工作和具体措施，缺少自上而下的应然逻辑的理论引领。其次，在实践层面，研究机构、企业与政府三方主体常常各自为政，缺少必要的沟通和合作。这使得：（1）理论研究的问题导向不明确，不能满足政府的需求；（2）社会服务缺少理论支撑，难以满足公众的需求；（3）基层组织没有有效落实和充分实现政府的工作目标。

为了解决上述问题，探索一条贯通从社会治理的应然逻辑到基层治理的实然逻辑的理论与实践的闭环路径，诸暨市总工会会同高校和企业，构建一个三方联动的基层治理工作平台。在这个平台上，作为研究机构的高校运用应然逻辑来阐释"枫桥经验"的历史内涵；在实然逻辑的实践进路上，作为基层治理实践机构的企业以情绪调节为切入点，以矛盾调解为抓手，开发数智化技术辅助的情绪调节系统，构建数智化基层治理工作模式。在理论研究中体现社会服务的职能，在社会服务中实现理论研究的价值（如图3所示）。在这个三方联动的平台上，我们计划落实以下三个方面的工作目标。

第一，在概念、目标、方法和实践四个层次上，融合了社会治理的应然逻辑与基层治理的实然逻辑，将自上而下的理论引领与自

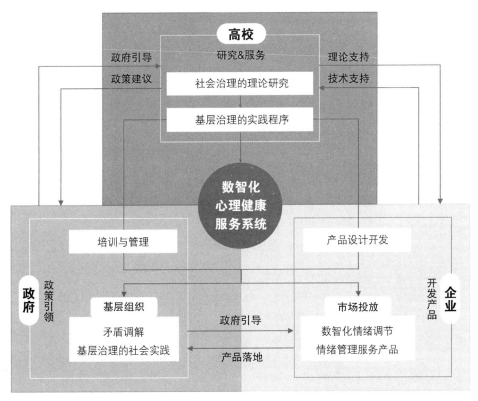

图3　政府、高校和企业三方联动的基层治理工作平台

下而上的实践路径有机结合，形成逻辑闭环（如图2所示）。循环一通过数智化心理健康服务系统满足普通居民的幸福感、获得感的需求；循环二适用于"信访办""矛盾调解中心"等场景，用于化解实际矛盾；循环三进行基层治理实践的理论提升。

第二，联合政府、高校和企业等资源，形成"政策解读、理论研究与产品开发"的协同，实现"产学研循环迭代模式"。在新时代数智化背景下来考察多元主体协同参与的基层治理联动机制，形成多元互动的立体研究格局，突破之前研究的单向度局限。

第三，以情绪调节为技术切入点，创建一种具有现场针对性的矛盾调解程序。根据公安系统的统计数据，80%的治安刑事案件都源于当事人过激情绪引发的冲动行为。本研究发挥人工智能技术在数据采集、判读和监控方面的优势，及时开展数智化情绪调节，在基层工作现场及时识别和化解矛盾。

三、建构数智化心理健康服务系统

数智化心理健康服务系统将通过三个层次的工作循环来建立社会治理的应然逻辑与基层治理的实然逻辑之间的联结。

"循环一"探索个体情绪与认知、情绪与健康的社会心理机制，开发数智化情绪调节产品，探索通过大数据与信息化技术助力提升居民幸福感和获得感的实然途径。"循环二"探索基层治理的实际工作在社会治理总体目标中的现实意义，考察基层治理现实状况，解读矛盾调解在社会治理中的应然逻辑；界定提升居民获得感、幸福感，提高生活品质的实然举措。"循环三"实现基层治理实践的理论提升，梳理"枫桥经验"的历史内涵及其与时俱进的演化进程，解析新时期"枫桥经验"的智慧化进展。三个循环以数智化情绪调节为切入点，以矛盾调解为抓手，实现理论研究与社会实践的统一（如图4所示），即通过政府、高校和企业三方合作，形成"研究—产品—服务"的循环迭代，达成社会治理中多元主体在相互信任与合作的基础上，为实现公共利益，围绕社会事务管理而发生的合作互动，包括理论研究、产品开发和基层治理实践等多种内容的统一。

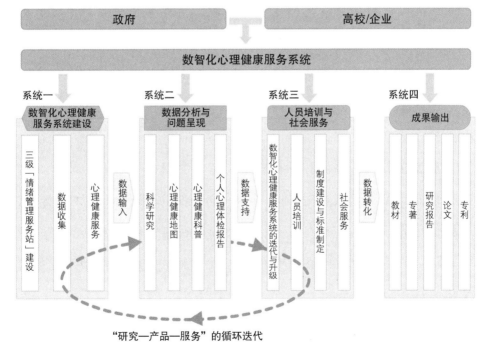

图4　数智化心理健康服务系统的四个工作系统

　　数智化心理健康服务系统联合了政府、高校和企业的资源，构建了一个综合政策引领、研究指导与社会服务的互动共建平台。基于这个平台，通过四个工作系统实现理论研究与社会服务的统一。四个工作系统在逻辑上有先后顺序，在时间上同步开展，其中从系统一到系统三构成了一个自身迭代与升级的循环。社会服务是这个循环的核心内涵（如图4所示）。

　　系统一，数智化心理健康服务系统建设。开发并建设"数智化心理健康服务系统"的A、B、C三级"情绪管理服务站"，制订三级站点的技术标准、工作内容与责任界定；广泛收集居民心理健康状况数据；通过"情绪管理服务站"向居民提供心理健康服务。

　　系统二，数据分析与问题呈现。对"情绪管理服务站"收集的数据进行综合与分析处理，用于科学研究；向政府、社会治理管理者呈现心理健康地图或情绪地图，辅助政府决策；面向社会公众进行心理健康科普，培养公众的健康素养；面向个人呈现个人心理体检报告。

　　系统三，人员培训与社会服务。基于系统二的数据，实现数智化心理健康服务系统的迭代与升级；开发培训课程以及评价标准，进行情绪管理师的培训与考核；制订情绪管理师的资质认证与从业管理标准；情绪管理师在数智化心理健康服务系统的辅助下开展智慧化的社会心理服务。

　　系统四，成果输出。形成课题的最终成果，包括教材、专著、研究报告、论文以及专利等。

诸暨市总工会联合省内知名高校以及地方企业，共同搭建了数智化心理健康服务系统，以诸暨市为落脚点，在政府机关、高校等单位开设了试点工作站，面向社会开展及时性、智能化、个性化的心理健康服务。通过试点工作站，数智化心理健康服务系统尝试解决三个关键问题。

第一，突破传统的政府购买服务、科研成果转化等单向输送形式，通过"研究—产品—服务"循环迭代的模式，探索一条贯通基础理论研究、产品技术开发和社会服务的实践路径。第二，通过数智化心理健康服务系统，建立心理健康大数据系统。居民心理健康状况大数据实现全网接入，全面反映当地职工心理健康状况，为政府各职能部门的决策提供施政参考。第三，把数智化心理健康服务系统做成全国样板，形成可以复制的标准化运行模式。

这项工作的筹备从2019年开始。目前已经完成的前期工作有：（1）"数智化心理健康服务系统"的理论建构；（2）与政府有关部门以及企业联合开展情绪管理师的培训，已经完成158名学员的培训与考核；（3）与协作单位共同开发的"情绪调节舱"通过省级新产品论证达到国际先进水平，已经投入量产；（4）三级"情绪管理服务站"的组织架构搭建完成，在法院、工会等机构中开始运行。

我们预期，数智化心理健康服务系统进入常规化工作以后，可以在收集数据的基础上，全面描绘居民心理健康状况，绘制心理健康地图，为社会治理提供全域数据；建立数智化心理健康服务的技术架构，开发适应国情、民情和市场需求的数智化心理健康服务系统；培训情绪管理师，并形成考核标准与管理制度；形成标准化的、可复制的"数智化心理健康服务模式"。

四、情绪管理师培训手册

数智化心理健康服务系统的建构与工作的核心环节是人员的培训与管理。

第一，这是技术与人员能力结合的必然要求。虽然数智化心理健康服务系统高度依赖技术，但技术的有效应用和服务质量的保证最终取决于情绪管理师的专业能力和技术熟练度。因此，对情绪管理师进行系统培训是实现这一目标的关键步骤。

第二，这是提升心理健康服务质量的必然要求。心理健康服务的效果很大程度上依赖于情绪管理师的专业知识、技能和态度。通过培训，可以确保情绪管理师掌握最新的心理健康知识和技术，从而提升心理健康服务的整体质量。

第三，这是心理健康服务的适应性与灵活性的要求。数智化心理健康服务系统需要工作人员具有高度的适应性和灵活性，以应对不断变化的技术和服务需求。培训可以帮助员工适应这些变化，使他们能够有效利用新技术和方法。

第四，这是基层治理体系创新与发展的要求。情绪管理师的培训与管理不仅是提升当前服务质量的手段，也是推动整个数智化心理健康服务系统创新与发展的驱动力。只有情绪管理师不断学习和成长，数智化心理健康服务系统才能不断优化和进步。

第五，这是社会治理伦理保障与合规性的要求。在心理健康领域，尤其是涉及数据和数智化心理健康服务系统时，遵守伦理标准和法规变得尤为重要。通过对情绪管理师进行培训和管理，可以确保情绪管理师在工作中遵循正确的伦理准则和法律要求。

总而言之，情绪管理师的培训至关重要，因为它不仅可以提高心理健康服务的质量，使得情绪管理师能够更有效地帮助个体处理情绪问题，提升个体的心理健康状况和幸福感，而且还可以满足社会日益增长的对心理健康专业人员的需求。随着心理健康服务趋向数智化，情绪管理师必须掌握相关的技能和知识，以适应这一发展趋势。对个人而言，培训是提升专业技能和拓宽职业发展道路的重要手段。同时，随着社会环境的快速变化和新的心理健康挑战的出现，情绪管理师通过培训可以更好地应对这些挑战，提供适应时代需求的心理健康服务。

当前面临的一个现实是，我国接受过心理学专业知识训练、具备专业心理学技能的人才严重匮乏。为了在较短时间内有效地将非专业背景的人员培养成合格的情绪管理师，培训必须具备一系列关键特征。首先，培训内容必须高效且聚焦，专注于关键技能和知识，尤其是实际的情绪管理技巧、基本心理健康知识及数智化心理健康服务系统的使用。其次，培训应采用模块化和逐步学习的方法，分阶段介绍不同的内容，以便学习者能够有效吸收并应用这些知识。再次，培训必须注重实践导向，结合理论知识和实际案例，通过模拟练习和角色扮演等手段，让学习者在安全环境中练习所学。最后，加强互动和提供反馈也是培训的关键。通过小组讨论和案例分析等活动，提高学习者的参与度，并为其提供及时的反馈以加强学习效果。线上视频课程对于忙碌的学习者来说尤为重要，它为学习者提供灵活的学习时间和自主学习的环境。培训后的持续支持和资源提供，如线上论坛和定期进修课程，有助于学习者持续更新技能和知识。此外，培训还必须特别强调伦理和隐私的重要性，确保所有学习者都能理解并遵守心理健康服务中的专业标准。通过这样全面且细致的培训，我们能够高效地培养出能在数智化心理健康服务系统中发挥关键作用的情绪管理师。

为了实现这样的培训目标，我们组织专业人员编撰了这套用于培训情绪管理师的《做情绪的主人——情绪管理与健康指导手册》。我们希望这套指导手册能够体现以下两个学术理念。

第一，从社会治理研究角度来看，情绪管理师是基层治理的参与者与实践者。他们的工作体现了从应然逻辑和实然逻辑两条路径解析社会治理政策与基层治理实践之间的技术性区分与逻辑勾连。在数智化心理健康服务系统的助力下，情绪管理师的工作将社会治理中多元主体之间复杂互动的方式串联成完整的逻辑环路，为从个体行为研究介入政府施领研究提供了可能的理论与技术路径。

第二，从心理健康角度来看，情绪管理师的工作体现了数智化心理健康服务系统的实现路径。这就是将人群的多种行为模式进行了数理—逻辑化表征，为个体行为研究联通群体行为研究提供可能的技术路径。数智化心理健康服务系统助力下的情绪管理，意味着对人的心理与行为的技术化解释，也就是将人的心理与行为看作在社会背景下展开的一系列逻辑运算；异常的心理与行为表现的根本原因在于个体的底层认知机制与逻辑计算模型有偏差。因此，纠正个体的底层认知机制和逻辑计算模型就可以实现对个体异常行为的矫治。

基于这样的理念，我们对情绪管理师的工作性质进行了模块化设计（见表2）。相应地，我们为每一个模块编写一本指导手册，这就形成《做情绪的主人——情绪管理与健康指导手册》的基本架构。这套指导手册一共十册，分别对应十个模块，讨论情绪管理师培训与工作中最可能遇到的十个典型主题。每一册都遵循统一的编写体例，除了理论叙述的正文内容之外，还设计了"知识卡""小贴士"等知识点和技术提示的内容。在章节排列方面，我们充分考虑读者的阅读体验，通过适当调整段落，减少阅读者的认知负荷。在版面设计方面，每一页刻意留白，启发读者在阅读过程中及时做批注或笔记；每一册书对应4课时线下培训，以及8—10个视频课程，每个视频课程时长约15分钟。书与视频课程一起构成了具有新时代特征的融媒体。所有这一切，都是为了给读者创造一种全新的、轻松的阅读体验。

在《做情绪的主人——情绪管理与健康指导手册》这套书中，十个模块即十册内容的组织逻辑体现了从基础知识到专业技能、从理论探索到实际应用的连续性。初始模块如第一册《压力与情绪》

表2 《做情绪的主人——情绪管理与健康指导手册》的模块化内容

模块主题与编撰者	主 要 内 容
模块一：压力与情绪 编撰者：黄睿智，蒋柯	探讨压力与情绪之间的关系；情绪的基本理论；压力产生的心理机制、压力对情绪的影响，以及情绪与健康的关系。
模块二：常见异常情绪的识别与应对 编撰者：谢晓丹	着重讲解如何识别日常生活中的异常情绪状态，如反社会人格、攻击行为、挑衅滋事及对立违抗障碍、焦虑、抑郁等以及急性发病情形的基本表现形式，并提供相应的应对策略，包括初步识别技巧、应急响应方法以及指导个体寻求专业帮助的途径。
模块三：危机干预 编撰者：王志琳	涉及危机情况下的情绪管理技巧，包括心理危机的识别：常见的、典型的危险信号；自杀的预防策略及方法；非自杀性自杀行为的处理；群体危机事件干预等。
模块四：认识心理疾病 编撰者：王啸天，沈慧清	介绍主要心理疾病与精神障碍的诊断标准；分析心理疾病与精神障碍的社会相关因素；认识情绪管理师的工作边界。
模块五：积极心理学 编撰者：孙雨圻，朱莎莎	聚焦于积极心理学的核心概念和应用，探讨如何通过积极心态和方法改善个人的心理健康和生活质量，包括幸福感的提升、积极情绪的培养等内容。

模块主题与编撰者	主　要　内　容
模块六：情绪与社会交往 编撰者：孙雨圻，胡可	分析情绪在人际关系和社会交往中的作用，讲解情绪表达、情绪感染和情绪调节在人际交流中的重要性，以及如何有效管理情绪，促进良好的社会互动。
模块七：婚姻与家庭 编撰者：陈莉，邹洋	专注于家庭和婚姻关系中的情绪管理，包括婚姻关系评估，家庭暴力问题应对，伴侣间的情绪沟通，家庭冲突的解决，家长教育焦虑干预，以及如何在家庭环境中建立健康的情绪交流和支持系统。
模块八：构建和谐的亲子关系 编撰者：梅思佳	探讨在亲子关系中实现情绪的健康管理与和谐互动，包括理解儿童和青少年的情绪需求、有效的亲子沟通技巧，以及促进家庭内情绪智力的发展。
模块九：职场中的情绪管理 编撰者：林春婷，胥良，刘鸿娇	聚焦于职场环境中的情绪挑战，包括职场中的情绪管理、职场中的情绪问题的共性与特性、自我情绪的识别与应对、他人情绪的识别与应对和职业情景中的情绪调节案例。
模块十：个人成长与职业赋能 编撰者：陈莉，邹洋	着重于情绪管理师自身的成长和职业发展，包括自我情绪管理、持续学习和职业技能提升，以及如何在职业生涯中维持和提高服务质量和效果，学会释放自己的情绪，学会自我欣赏，合理规划工作生活，以及提升个人幸福感的 6 个幸福密码。

17

和第二册《常见异常情绪的识别与应对》着重于建立基本的情绪管理理论框架和技能，为读者提供心理健康的初步认识。随着内容的深入，第三册《危机干预》和第四册《认识心理疾病》开始聚焦于更具挑战性和专业性的主题，加深了对复杂情绪状态和心理问题的理解。在此基础上，中后期的模块如第五册《积极心理学》、第六册《情绪与社会交往》和第七册《婚姻与家庭》转向具体的社会情境，探讨情绪管理在个人生活领域的实际应用，使理论知识与日常生活紧密结合。

此外，这套指导手册特别强调个人与社会角色的平衡。例如，第八册《构建和谐的亲子关系》和第九册《职场中的情绪管理》，不仅关注个人情绪管理能力的提升，还关注家庭和职业环境中的有效交流与应对策略。第十册《个人成长与职业赋能》则聚焦于情绪管理师自身的持续学习和职业发展，强调了情绪管理作为一种持续的成长和学习的过程。这套指导手册通过这样的结构设计，不仅可以为情绪管理师提供全面的知识和技能培训，还可以为情绪管理在个人和社会生活中的实际应用和长远发展提供帮助。

《做情绪的主人——情绪管理与健康指导手册》的编撰团队是一群拥有丰富心理学研究和教学经验的专家。他们有的在高校从事心理学教学与科研工作，有的承担高校心理健康中心的管理职责，还有的在企业、医院以及专业咨询培训机构等领域积累了丰富的实践经验。这些专家的学历层次高、专业知识深厚，能够将理论与实践完美结合，一定能为读者提供既科学又实用的指导。

　　编撰者编写的内容不仅体现了他们精深的心理学学识和精湛的专业技能，还体现了他们对提升公众心理健康水平的深切承诺。无论是在高校和医院从事教学与科研工作，还是在企业和专业培训机构从事管理和实践工作，这些编撰者编写的内容展现了他们在情绪管理和心理健康领域的专业性和创新能力。他们的专业背景和综合实力确保了这套指导手册内容的广泛性和多元性，使其能够覆盖不同的需求和应用场景。

　　我们还想再一次强调的是，《做情绪的主人——情绪管理与健康指导手册》的编撰与出版，体现了新时代社会治理的创新，即在政府、高校与企业三方联动的数智化心理健康服务系统平台上，尝试基层治理的创新。这种尝试既体现了政府的政策引领，又夯实了基层的实践基础，充分利用政府、高校和企业的相关资源，紧密联结研究、产品、社会服务等各环节，通过产品的社会应用反过来赋能理论研究和社会服务，形成"研究—产品—服务"循环迭代的基层治理创新模式。

　　这套指导手册总主编周卓平、蒋柯；副总主编陈莉、孙雨圻、唐鸣。全十册，各册编撰者：第一册是黄睿智、蒋柯；第二册是谢晓丹；第三册是王志琳；第四册是王啸天、沈慧清；第五册是孙雨圻、朱莎莎；第六册是孙雨圻、胡可；第七册是陈莉、邹洋；第八册是梅思佳；第九册是林春婷、胥良、刘鸿娇；第十册是陈莉、邹洋。每一册的编撰者除了编撰书稿之外，还录制了视频课程。在编撰书稿和录制视频课程的过程中，刘小月、梁琪参与PPT的制作和统稿等工作。这套指导手册由孙雨圻统稿，视频课程由陈莉统稿。

　　最后，感谢上海教育出版社编辑王蕾女士、谢冬华主任为书稿写作提出宝贵意见，以及在编校过程中付出的辛勤劳动。

编　者

2023 年 11 月 16 日

目录

1

情绪是什么

压力与情绪

【知识导图】

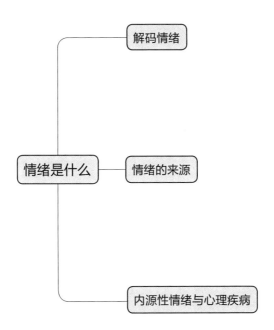

解码情绪

"情绪"是我们日常生活中经常使用的一个词，但是要给情绪下一个清楚的定义，并不是一件容易的事。每个人在生活中都有情绪，也都能表达情绪，并且能很好地识别和应对他人的情绪，甚至婴儿和动物都具备识别和表达情绪的能力。

情绪无处不在。情绪存在于社会生活的每一个角落，我们甚至认为，自然界中也存在情绪。然而，当我们讨论情绪时，往往会遇到一些困惑。在我们的日常生活中，有很多词在语义上与"情绪"接近或相同，例如，"感情""情感"和"氛围"。这些词都是在用不同的方式表达与情绪相关的内容，但它们表达的内容又存在一些细微差异。

例如，如果我们在街上看到一对年轻夫妇在争吵，我们可能会说，这是一个"情绪问题"，他们可能在生闷气或者心情不好。如果我们在法庭上看到一对年轻夫妇发生争执，我们可能会说，这是一个"感情问题"，他们可能感情破裂，婚姻出现危机，可能会离婚。如果我们在生活中看到一对年轻夫妻经常生闷气，我们可能会说，这是一个"情感问题"，他们之间的情感出现问题，氛围也很紧张。虽然这几种情况很相似，但我们对它们的描述分别使用了"情绪""感情"和"情感"这些不同的词汇，表达的含义也有所不同。可见，我们在日常生活中使用与情绪有关的不同词汇时，所表达的含义是略有区别的。

总之，情绪作为一种综合了意识、身体感觉和行为的复杂体验，反映了事物、事件或事态对于个人的意义。

【知识卡】

情绪与理性相互对立吗

在相当长的一段时间内，人们往往认为，情绪与理性是对立的，情绪是一种非理性的、不可控制的体验。然而，随着心理学和哲学的发展，人们对情绪的认识逐渐发生了变化。

4

　　法国哲学家笛卡儿（René Descartes，1596—1650）将情绪与理性进行了区分，认为情绪是一种干扰人的理性判断和思考的力量，因此情绪应该被排除在理性之外。这种观点影响深远，大量研究都从情绪与理性分离的角度进行开展。

　　近年来，现象学和具身认知等领域的研究者开始重新审视情绪，并提出新的观点。现象学认为，情绪是人对世界的体验和感知，情绪不仅是主观的，也与外部环境和客观事物相关联。具身认知领域的研究者受现象学的影响，强调身体与情绪之间紧密联系，认为情绪是身体感觉和经验的一种表达。

　　情绪建构理论（theory of constructed emotion）进一步深化了对情绪的理解。情绪建构理论认为，情绪并不是内在的、固定的实体，而是由个体对事件的解释和评估建构出来的，情绪具有认知的功能。情绪的产生是一个复杂的过程，包括对感知信息的加工，情绪同时也受个体的价值观和信念以及社会文化等因素的影响。

　　因此，我们不能简单地把情绪视为与理性相对的非理性体验，而应把情绪视为个体与世界相互作用的一部分。情绪在认知和行为中发挥重要作用，情绪可以影响我们的决策、思维方式和行为表现。研究者深入探索了影响情绪表现的各种非理性认知和策略，以更好地理解情绪对人们日常生活和心理健康的影响。

情绪的来源

情绪从哪里来？这里，我们通过一个小男孩的例子，来说明情绪的来源和情绪的转变。

阳光透过树叶洒在小男孩和他妈妈身上，气温逐渐上升。小男孩和他妈妈走过繁忙的商业街，来到一家著名的冰激凌店前。小男孩的目光立刻被那独一无二的彩虹冰激凌吸引了过去。这款彩虹冰激凌是小男孩最喜欢的冰激凌，五彩缤纷的颜色在阳光下闪闪发亮，充满了诱惑。

妈妈看到小男孩热切的眼神，于是买了一个彩虹冰激凌给他。小男孩手里拿着冰激凌，像拿着宝藏一样珍贵，脸上洋溢着幸福的笑容。他看着彩虹冰激凌在阳光下闪耀，舍不得马上品尝，而是想先尽情欣赏一番。

可是，夏日的阳光毫不留情，冰激凌开始融化了。当小男孩终于忍不住，准备享用甜蜜冰激凌的那一刻，冰激凌却融化了，滑落在地上。小男孩愣住了，眼里满是失落和痛心，眼泪流了下来。那个五彩缤纷的冰激凌，就那样无助地躺在热烈的阳光下，变得面目全非。

看着小男孩伤心的样子，妈妈心疼地抱起他，再次为他买了一个彩虹冰激凌。这次，小男孩没有再等待，马上就把冰激凌送到嘴里吃了起来。然而，小男孩一边吃，一边止不住抽泣。虽然小男孩的手中再次握着五彩缤纷的彩虹冰激凌，但他的眼泪仍然像断线的珠子，止不住地流。

接下来，我们通过以下几个问题，对故事中小男孩的情绪进行分析。

问题1：小男孩第一次拿到彩虹冰激凌时，为何非常开心？

回答1：因为小男孩的需求和愿望得到了满足，他得到了期待已久的彩虹冰激凌，也可能因为小男孩得到了奖励，彩虹冰激凌就是小男孩的奖品。

问题2：冰激凌掉地上，小男孩为何会伤心？

回答2：因为原本马上就可以吃到的冰

记下你的心得体会

激凌掉地上了，小男孩的需求和愿望得不到满足。

问题 3：为什么小男孩第二次拿到冰激凌时，仍然止不住抽泣呢？

回答 3：这可能是因为小男孩的自责和懊悔，他责怪自己没有拿好冰激凌，懊悔没有及时吃掉冰激凌，冰激凌融化掉地上了。小男孩哭泣不止是因为冰激凌掉地上，还因为他在自责和懊悔。

我们可以看到，第一次拿到冰激凌时，小男孩的情绪变化与外部条件——冰激凌的得失有关，这时，小男孩的情绪是由外部因素导致的，是外源性情绪。而小男孩第二次拿到冰激凌时依然止不住抽泣，这时的情绪变化是由小男孩对自我的评价和懊恼引发的，是内部原因导致的，因此是内源性情绪。

由外源性因素引发的外源性情绪，与外部条件有关，可以随着外部条件的改变而改变，持续时间较短，可以较快速地发生转变；与自我评价有关的内源性情绪，持续时间可能更长，转变也比较缓慢。要想转变内源性情绪，就要改变内源性因素，即改变个体对自我的评价，这需要较长的时间或一些较复杂的因素共同参与。

内源性情绪与心理疾病

内源性情绪会导致很多心理问题，我们在许多心理疾病（包括抑郁症）中都能观察到由内源性因素导致的内源性情绪的表现。抑郁症患者通常会经历持续两周或更长时间的情绪低落，并在相当长的时间保持这种情绪低落状态。显然，这种情绪低落状态并非由外部条件引发，因为通常人不会长时间地处于不良的环境中。此外，不论外部环境如何变化，抑郁症患者低落的情绪状态都很难发生积极的改变。

许多抑郁症患者会进行自我攻击，包括负面评价自己、贬损自己等。在严重的情况下，抑郁症患者甚至会出现自伤或自杀的行为。这些负面的自我评价和自我体验主要由内源性因素引发。因此，在帮助抑郁症患者时，不应仅仅从改变外部条件入手，还应着重帮助他们改善负面的自我评价和体验。这

记下你的心得体会

意味着需要通过改变抑郁症患者的内源性因素来改善他们的症状，缓解他们情绪低落的状态。

不仅仅是抑郁症患者，在帮助他人调节情绪和管理情绪时，我们都要学会分辨情绪的来源，即判断情绪主要是由外源性因素引发的，还是由内源性因素引发的。这样，我们才能更准确地对症下药，而不仅仅是试图抑制或消除情绪症状。

小结

1. 情绪作为一种综合了意识、身体感觉和行为的复杂体验，反映了事物、事件或事态对于个人的意义。情绪与理性不是对立的。

2. 情绪分为外源性情绪和内源性情绪。外源性情绪与外部条件有关，可以随着外部条件的改变而改变；内源性情绪与自我评价有关，持续时间可能更长，想要改变内源性情绪，就要改变内源性因素。

反思·实践·探究

李华（化名）是一个对自己严格要求的人，他希望能够在各个方面都名列前茅。从小学到初中，他一直非常努力。后来，李华凭借优异的成绩考入重点高中。然而，进入高中后，李华发现身边的同学都非常优秀，一些人拥有他没有的技能，在他非常擅长的领域，也有人比他强。这让李华感到沮丧和无助，他开始怀疑自己的能力和价值。

一天，李华参加了一个比赛，希望通过取得好成绩来证明自己。然而，比赛的结果却非常不理想，李华遭遇了惨败。这次失败让李华更加自暴自弃，他觉得自己再也无法达到自己设定的目标。

李华的班主任注意到了李华的情绪变化，主动找他谈心。班主任了解到李华一直对自己要求过高，总是拿别人和自己进行比较，忽视了自身的成长和潜力。班主任告诉李华："每个人都有自己独特的长处和擅长的领域，不要总是与他人比较，而是要关注自己的成长和进步。"

受到班主任的启发，李华开始重新审视自己。他决定将重心转移到自身，而不是总是与他人比较和竞争。李华开始主动探索自己的兴趣，发掘自己的潜力，并尝试参与不同领域的活动。

在这个过程中，李华逐渐认识到自己的独特能力和特点。他发现自己对艺术有着浓厚的兴趣，并展现出惊人的创作才华。通过参加艺术课程和参与艺术社团，李华逐渐发展出自己独特的艺术风格和创作技巧。

当李华的艺术作品在展览中展出并获得赞誉时，李华的自信心逐渐恢复了。他明白到，重要的不是与他人比较，而是发现并充分发挥自己的潜力。李华开始享受艺术创作的过程，并从中获得了巨大的满足感和成就感。

随着时间的推移，李华的情绪经历了巨大的变化与发展。从最初的挫败和自卑，到通过自我探索和发现重拾自信和乐观。李华学会接受自己的不足，并将注意力集中在自身的成长和发展上。这个过程中，李华不再将情绪寄托在外界的比较和评判上，而是努力追求自己内心的满足和进步，并在这个过程中获得内心的宁静。

最终，李华重新找到了自己的方向和目标，他将艺术作为自己的事业，并在艺术领域不断努力和进步。李华变得更加积极、自信和乐观，对未来充满了希望。

1. 在李华面临比赛失利和班级同学之间的竞争压力时，他的情绪受到了哪些外源性因素的影响？他如何应对这些外源性情绪压力？

2. 当李华开始转变思维模式，专注于自我发展和内在成长时，他的情绪发生了哪些变化？反映出哪些内源性因素的影响？李华是如何通过调整内源性因素来改善自己的情绪状态的？

情绪体验

压力与情绪

【知识导图】

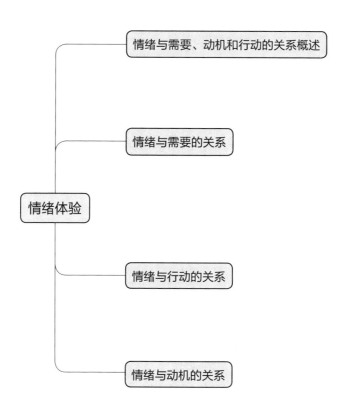

情绪体验
- 情绪与需要、动机和行动的关系概述
- 情绪与需要的关系
- 情绪与行动的关系
- 情绪与动机的关系

情绪与需要、
动机和行动的关系概述

记下你的心得体会

情绪是一种高度个体化的体验。在描述情绪时，我们通常会说"我觉得""我感觉"或者"我体验到某种情绪"。然而，理解和感受他人的情绪可能比较困难，这是因为我们首先需要理解情绪作为一种高度个体化的体验，它是如何产生的。要理解情绪体验的产生过程，我们需要理解三个基本概念：需要、动机和行动。

假设我们有一辆卡车，它需要汽油才能跑起来。但是，汽油本身并不能推动卡车行驶，汽油需要在发动机里燃烧才能产生动力，进而驱动卡车行驶。在这个比喻中，汽油就像人的需要，发动机就像人的动机，而卡车的行驶就像人的行动。需要是个体活动的能源，没有需要，个体就无法产生主动的行动。但是，需要本身不能直接驱动个体的行动，就像汽油需要通过发动机的燃烧才能转换成动力一样，需要只有通过动机这种心理机制的转换，才能成为行动的动力源泉。

所有的行为都是在动机的驱动下进行的。

在理解了需要、动机和行动这三个概念之后，我们可以更好地理解情绪体验与需要、动机和行动之间的关系。通常，当需要、动机和行动得到满足时，个体会体验到积极的情绪；当需求、动机或行动受阻时，个体可能会体验到负面情绪。但是，这只是简单的对应关系，实际上，情绪体验与需要、动机和行动之间的关系可能更为复杂。我们需要进一步深入分析需要、动机和行动的概念，以更好地理解情绪体验的产生和表达过程。

情绪与需要的关系

需要就像卡车的汽油，是驱使人行动的能源。然而，需要通常缺乏明确的目标，需要的满足或受阻可能并不会直接引发明确的情绪反应。有时，我们可能会感到有无名火，有时，我们可能会感到不知所措、不快乐或不开心，但这种情绪并没有明确的针对对象。

以"起床气"为例，有些人在早晨醒来时可能会感到莫名不愉快或生气。这种情绪可能是由于睡眠需要的满足受阻，整个人感到不舒服。起床气这种情绪并不是针对某个具体的事情或对象的，而是由于需要没有得到满足而产生的一种负面情绪体验。

情绪与行动的关系

行动受阻可能会导致一些负面情绪，如愤怒，甚至可能会导致攻击性行为。当我们做某件事，但在行动的过程中持续遭到阻碍和干扰时，我们可能会感到极度愤怒。愤怒的情绪可能导致攻击性行为，这种攻击性行为通常有一定的指向性，通常会指向那些阻碍或干扰我们行动的对象。

以路怒症为例。路怒是驾驶员在驾驶过程中表现出的愤怒情绪。驾驶时，驾驶员总是期望一路畅通，快速而顺利地到达目的地。然而，在行驶过程中，驾驶员可能会遇到各种阻碍或阻挡其行驶的情况，如红绿灯、乱穿马路的行人或者交通堵塞等。这种不断受阻和干扰，可能会引发驾驶员的愤怒情绪，导致路怒症。

情绪与动机的关系

动机受阻也会引发负面情绪，阻碍动机的条件相对复杂，具体来看，动机本身并不是行动，而是对行动的驱动，因此阻碍动机的通常不是外部环境或条件，而是内部因素。动机受阻或在行动执行过程中出现动机困扰，往往是由动机本身的冲突引起的。

个体可能同时具有两种趋向不同方向或目标的动机，这两种动机会相互干扰，被称为双趋冲突，这是第一种动机冲突形式。孟子云："鱼，我所欲也；熊掌，亦我所欲也。二者不可得兼……"这里说的就是双趋冲突，两方面都是个体想要的，且这两个动机都很强烈，但是又不能同时得到满足，这会让个体产生动机冲突，进而可能引发一些负面情绪体验。

第二种动机冲突形式是趋避冲突，在

这种冲突中，个体针对同一对象有不同的动机，既有靠近的动机，也有回避的动机。例如，许多年轻人对婚姻感到困惑。一方面，他们向往婚姻，希望组建家庭，过安定的生活；另一方面，他们又害怕家庭生活的责任和负担。他们在这两个相互矛盾的动机之间摇摆不定，不断纠结于是否结婚，产生困扰。

第三种动机冲突形式是双避冲突，即个体对对象 A 极其反感，希望尽快逃避，但一旦逃避了对象 A，就必须面临同样讨厌和希望逃避的对象 B。例如，牙疼可以通过拔牙解决，但拔牙也很痛苦。因此，你要么忍受持续的牙疼，要么忍受拔牙的痛苦，你必须在二者中选择一个。两种痛苦你都不想承受，但你又必须从中选择其一的情况，就是双避冲突。双避冲突同样可能导致个体焦虑，甚至引发个体抑郁或让个体产生挫败感。

记下你的心得体会

【知识卡】

需要层次理论

需要层次理论是美国心理学家马斯洛（Abraham Maslow）于 1943 年在《心理学评论》（*Psychological Review*）杂志上发表的论文《人类动机理论》（*A Theory of Human Motivation*）中提出的理论观点。需要层次理论是一个需要分类系统。后来，需要层次理论又进一步发展，对情绪进行分类。需要层次理论还用于研究个体的内在行为动机。

通常以金字塔的形式展示需要层次理论（如图 1 所示）。

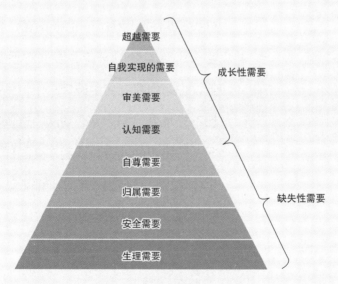

图 1　马斯洛的需要层次理论

需要层次理论将需要分为两大部分：缺失性需要和成长性需要。

20世纪50年代，马斯洛提出了最初的需要层次理论模型，包括基本的生理需要、安全需要、归属需要、自尊需要和自我实现的需要五个层次。20世纪70年代，马斯洛在自尊需要和自我实现的需要之间，增加了认知需要和审美需要两个层次。后来，马斯洛进一步提出超越需要。超越需要也被称为精神需要。不同于其他类型的需要，超越需要或精神需要可以在多个层面得到满足，当超越需要得到满足时，个体会产生一种完整的感觉，并将事物提升到一个更高的存在层次。

马斯洛认为，不同层次需要在任何时候都可能产生，他关注的是识别需要的基本类型以及满足需要的顺序。

小结

1. 情绪的产生通常与需要满足与否有关，需要得到满足会引发积极的情绪体验，需要满足受阻会引发负面情绪体验。

2. 动机与情绪的关系更为复杂，动机冲突通常会引发焦虑、抑郁、挫败等负面的情绪体验。

3. 动机冲突有双驱冲突、趋避冲突和双避冲突三种形式。

4. 行动受阻是负性情绪产生的主要原因，由于行动受阻产生的情绪主要与愤怒、攻击等有关。

5. 无论是管理和调节自身的情绪，还是管理和调节他人的情绪，都需要辨认情绪体验的来源特征。

反思·实践·探究

2022 年 2 月 10 日，在北京冬奥会花样滑冰男子单人滑比赛中，花样滑冰名将羽生结弦挑战了具有史诗级难度的阿克塞尔四周跳跃（4A）。在正式比赛中呈现史上第一个完整的 4A 跳跃是羽生结弦的夙愿，但最终因周数不足而未能成功。挑战 4A 失败也影响了羽生结弦的整体成绩。在 2014 年索契冬奥会和 2018 年平昌冬奥会连续两次获得男子单人滑冠军后，在 2022 年北京冬奥会，羽生结弦以男子单人滑第四名的成绩结束第三次奥运之旅。当天进行的多场赛后采访中，羽生结弦都情绪低落，甚至在面对前辈荒川静香的采访时忍不住流下了眼泪。

然而在 3 天后召开的记者招待会上，羽生结弦似乎已经调整好情绪状态，并表示："虽然我也想完美完成 4A，想完美完成这套节目，但某种程度上我也觉得，似乎我已经完成了属于自己的 4A……这次的 4A，我是与 9 岁的羽生结弦一起完成的。我始终尝试翻越高高的障碍，身旁有无数人对我伸出援手，但我觉得最重要的，站在最顶端向我伸出援手的是 9 岁的我。所以，无论存周也好，摔倒也好，最终我也悦纳。'这便是羽生结弦的 4A'。"

1. 请结合羽生结弦的案例，从情绪与需要、动机和行动的关系角度，分析羽生结弦情绪体验的起因。

2. 从动机和情绪的关系来看，你如何理解羽生结弦在记者会上的表达？这种内在动机对羽生结弦完成高难度动作以及应对挫折和压力有何影响？

理解情绪的两个维度

压力与情绪

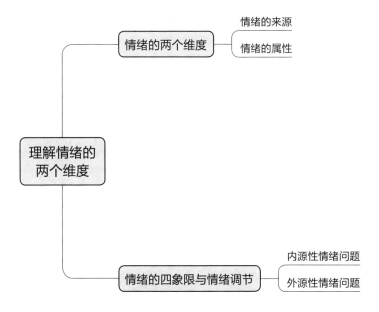

情绪的两个维度

理解情绪时应该从以下两个维度入手：

1. 情绪的来源。情绪的来源就是情绪是来自内在的自我体验的内源性情绪，还是来自外部环境及其他外部因素的外源性情绪。

2. 情绪的属性。情绪的属性与需要、动机和行为的满足或受阻有关，包括满足和受阻两个方面。

理解情绪体验应该从情绪的来源和情绪的属性这两个维度进行，这两个维度组合，构成了一个情绪的四象限（如图 2 所示）。

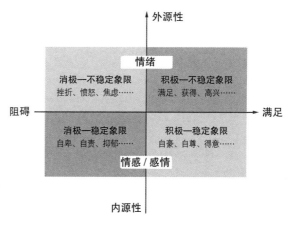

图 2　情绪的四象限

根据情绪的来源，可以将情绪分为内源性情绪和外源性情绪。内源性情绪通常与自我有关，相对稳定深刻，更偏向内在体验，这种情绪也被称为情感或感情，例如，对某人的深情厚谊、亲子之间的深厚亲情等。它们往往触及深层次的与自我相关的特质和内容。例如，父母与孩子之间的爱不是短暂的、临时性的情绪，而是在整个生命过程中都有所体现，在父母与孩子的自我体验之间存在积极的互动和长期的、稳定的情绪。恨也是一种内源性情绪，是一种直接涉及自我体验的情绪。

外源性情绪通常与外部环境的改变或者外部刺激的变化有关，具有很强的情境性，持续时间相对短暂，相对不稳定，容易改变，外源性情绪可以快速转变，在日常生活中常被称为情绪。例如，当我们看到悲剧新闻后会感到难过，当我们看喜剧电影后可能会觉得很快乐、很开心，看悲剧电影后可能会觉得很忧伤、很低落。这些都属于外源性情绪。

在满足—阻碍维度，通常来说，当个体的需要和动机得到满足时，他们会体验到积极的情绪，例如快乐、满足等。反之，当个体的需要和动机受到阻碍或没有得到满足时，他们可能会产生消极的、负面的情绪，例如沮丧、挫败感、愤怒等。

在我们的日常用语中，脾气被视为情绪的一种表现形式。实际上，脾气是个体对内部或外部刺激的反应性特征。当个体遭遇外部刺激或自我体验发生变化时，他们可能会作出各种反应，个体作出的反应因人而异，有些人可能会作出强烈且迅速的反应，有些人则不会。例如，当一个人受到来自他人的负面刺激时，他可能会立即作出激烈反应，这时，我们通常会说这个人的脾气大。

脾气可以是激烈的，也可以是相对温和的；脾气的反应速度可以很快，也可以相对较慢。所有这些特征都构成了脾气的反应性特征。了解这一点可以帮助我们理解和处理与他人的交往过程中可能出现的情绪反应。

情绪的四象限与情绪调节

情绪体验可分为四个象限，分别是内源

性满足、外源性满足、内源性阻碍和外源性阻碍。每个象限的情绪体验都有其特点，需要采取不同的调解方式。

内源性满足，即积极—稳定象限，这一象限的情绪通常体现为需求得到满足，没有动机冲突，行为执行顺利。然而，即便在这一象限，也可能出现固执、刚愎自用、自满等消极情绪。为了调整这些消极情绪，我们可以提高个体的参照标准，使个体意识到有比当前状态更好的可能性，以减少固执和刚愎自用等消极情绪。同时，我们也可以调整个体的自我评价，使个体意识到自己还存在改善空间，这是另一个有效的调节该象限消极情绪的方法。

外源性满足，即积极—不稳定象限，常与积极情绪体验相关，但同时可能出现自负、自大、过度虚荣及易怒等消极情绪。对于这些消极情绪的调整，需要从内源性特质出发，提高个体的自我体验和自我评价，减少外源性因素对情绪的影响。具体策略包括：改善个体的自我定位和自我评价，减少与周围人的过度比较；动用资源解

记下你的心得体会

30

决问题或改善环境，采取行动缩小与他人的差距等。

内源性阻碍，即消极—稳定象限，常见的情绪体验有抑郁和焦虑。在帮助个体调节这些消极情绪的时候，要帮助个体改善自我定位和自我评价，让他们认识到可能存在过高的理想自我定位，从而产生负面评价和消极的情绪体验。

外源性阻碍，即消极—不稳定象限，常见的情绪体验可能是愤怒和攻击等负面情绪。当个体表现出这一象限的消极情绪时，我们需要改善个体所处的外部环境，并从内源性因素着手，提升个体的自我评价和自我体验感，以减少外部环境因素对情绪的消极影响。

总之，对于内源性情绪问题，我们可以通过提高个体的参照标准和改善个体的自我评价进行调整；对于外源性情绪问题，我们可以从提升自我评价和自我体验入手，同时也需要关注外部环境的改善。

记下你的心得体会

【知识卡】

达尔文的情绪观

达尔文（Charles Darwin, 1809—1882）是 19 世纪英国博物学家，因提出生物进化论和自然选择理论而闻名。他的著作《物种起源》在生物学领域产生了革命性的影响，并引发了一场科学和哲学的大辩论。

除了生物进化论，达尔文也对其他领域有所贡献。例如，他的《人类和动物的情绪表达》（*The Expression of the Emotions in Man and Animals*）一书对情绪研究产生了影响。对于情绪，达尔文的主要观点如下：

1. 情绪表达是普遍的。达尔文提出，无论是人还是动物，情绪表达都是普遍的。也就是说，不同种族和文化的人，以及不同种类的动物，都有着相似的情绪表达。这一观点后来被心理学家埃克曼（Paul Ekman）的跨文化面部表情研究证实。

2. 情绪表达是有用的。达尔文认为，情绪表达是通过自然选择演化而来的，有助于人类的生存和繁殖。例如，恐惧表情可以警告他人有危险，愤怒表情可以威慑敌人，而喜悦表情则可以增强社交联系。

3. 情绪表达是不自主的。达尔文认为，情绪表达是自动的，不受意识的控制。这是因为情绪表达是通过神经系统中的自动过程产生的，而不是通过人的意识思考产生的。

4. 情绪表达是连贯的。达尔文观察到，一种情绪往往会引发一系列相关的身体反应。例如，恐惧不仅会使个体的面部表情发生改变，还会使个体的心跳加快，手心出汗，甚至引发逃跑的反应和冲动。这种连贯性体现了情绪反应在身体上的整体性。

达尔文的情绪理论至今仍然影响着情绪研究，并为许多现代研究提供了理论基础，包括面部表情的研究、情绪生物学基础的研究以及情绪的跨种族比较研究等。

小结

1. 理解情绪应该从情绪的来源和情绪的属性两个维度入手。

2. 情绪体验可分为四个象限，分别是内源性满足、外源性满足、内源性阻碍和外源性阻碍。每个象限的情绪体验都有其特点，需要采取不同的调解方式。

反思·实践·探究

里弗斯（Joan Rivers，1933—2014）是世界上最伟大的喜剧演员之一，在她丈夫自杀身亡后，她的事业陷入危机，唯一的女儿梅丽莎陷入低落和抑郁。

2006年，在复出之后的一场脱口秀表演中，里弗斯流着眼泪讲述了她与女儿梅丽莎共渡难关的故事："……我先生自杀是一个很大的悲剧，梅丽莎当时15岁……她接到告知他父亲坏消息的电话……打电话的蠢货告诉她'请转告你母亲，你父亲自杀了'……我先生自杀的前一晚，他们还通了电话，他说'明天回家'，然后他就自杀了……她不停地说'我当时该做些什么去挽救他啊'……其实她做什么都没用的……守灵的7天我女儿好像丢失了灵魂……她魂不守舍，心已不再……守灵结束，我带她去吃饭，她失魂落魄，我怎样都不能触及她的内心。我们去一家非常有名的餐厅吃饭……我们坐下打开菜单，我说：'梅丽莎，如果爸爸现在还活着，看到这么贵的价格，他肯定得再去自杀一遍。'她就笑了，我把我的女儿救回来了……"

1. 里弗斯怎样使女儿的情绪从内源性情绪转化为外源性情绪？
2. 如何针对不同对象的特点选择合适的情绪调节或干预策略？

情绪调节

压力与情绪

【知识导图】

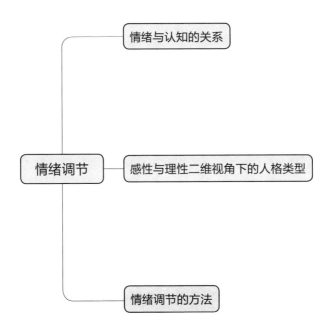

情绪与认知的关系

在传统的心理学理论架构中，认知、情绪和意志是三个相互独立的心理过程。认知过程承担着人和世界信息交换的责任，涵盖学习、记忆等活动；情绪过程反映的是人与环境互动的主观体验，包括喜怒哀乐、满意不满意等情绪表达和体验；意志过程则揭示了人在与环境和他人互动中对自我行为的控制力。

经典心理学理论将认知、情绪和意志这三个主题区分开来进行独立研究。然而，最近十年来的研究趋势显示，认知、情绪和意志这三个心理过程呈现出一种紧密的关系。因此，在这一部分，我们将重点介绍认知和情绪之间互动和紧密的联系。

关于情绪和认知的关系，不同理论给出了不同的解读。有一些理论主张情绪和认知可能是相互独立的心理过程，它们之间没有关联；还有一些理论则认为，人的理性与情绪是独立存在的，人们在作决策时，理性应占据主导地位。然而，实际观察显示，在许多决策情境中，情绪和情感因素的作用极其显著。有时候，人们即便明白什么是正确的行为，情绪也可能导致他们作出不理智的决定。例如，我们常常会听到这样的反馈："你说的都有道理，但是我就是咽不下这口气。"或者"听过很多道理依旧过不好这一生。"反过来，我们也常看到情绪和认知相互影响的情况。例如，当人们心情愉快时，他们的行为可能会变得更加顺利，工作效率也可能得到提高。这样的例子表明，情绪与认知并不是完全独立的，而是相互影响、相互作用的。

　　因此，我们需要改变这种长期以来存在的不准确的理解方式，也就是将感性和理性视为相对立的东西。感性和理性实际上是两个不同的维度，而不是同一维度的两端。感性强调情绪和情感因素在行为、认知和其他活动中的重要性，与之对立的是无感性；理性的对立面是非理性，而不是感性。只有将感性和理性放置在不同的维度上，我们才能更好地理解感性和理性的关系，以及它们在活动中的不同表现和表达方式。

记下你的心得体会

38

感性与理性二维视角下的人格类型

在理解个体的行为与思考方式时，感性与理性这两个维度起到了至关重要的作用。将感性与理性这两个维度结合在一起，我们可以得到四个不同的象限，分别代表着人们在这两个维度上的不同表现。

高感性—高理性象限的人在感性和理性这两个维度上都达到较高水平。这种类型的人通常关注社会公平与正义并充满人文关怀，与他们相处令人感到愉快和轻松。这类型的人在社会中是非常优秀的人才。

高感性—低理性象限的人更关注他人的情感体验，但遵守社会规则和基本规范的程度可能较低。

低感性—高理性象限的人倾向于强调理性，将理性放在重要的位置，但往往忽视他人的情感体验。

低感性—低理性象限的人可能存在反社会人格，会对社会和他人造成严重损害。这种类型的人较少。

绝大多数人都位于感性和理性两个维度

记下你的心得体会

的中等偏上水平。他们可能无法达到极高的感性和理性水平，但是可以维持正常的社会交往和人际关系，这是普通人所处的位置。

在理解情绪和认知的关系时，我们需要明白二者并非此消彼长、彼此对立或相互矛盾，情感丰富的人的理性决策能力低下。我们可以通过掌握理性和感性的特征来影响和调节自我以及他人的情绪体验和情绪表达方式。

情绪调节的方法

首先，可以通过认知策略来准确触及调节和影响他人情绪的关键点，即触及情绪和认知的交汇点，以有效调节情绪和调整态度。情绪和认知并不是相互独立的，如果我们无法通过认知策略来改善他人的情绪，那么这只意味着我们没有找到影响情绪的关键点，即情绪和认知的交汇点。讲道理可以改善和调节他人的情绪，正如战国策中的经典故事《触龙说赵太后》所示。

《触龙说赵太后》是《战国策》中的名

篇，主要讲述了战国时期，秦国趁赵国政权交替之机，大举攻赵，并占领赵国三座城池。赵国形势危急，向齐国求援。齐国一定要赵威后的小儿子长安君为人质，才肯出兵。赵威后溺爱长安君，执意不肯，致使国家危机日深。触龙前去劝导，一开始赵太后防备满满，意想不到的是，触龙并没有直接提出要求，而是以老年人的身体健康为切入点缓解赵太后的情绪。气氛有所缓和后，触龙仍不直接提长安君的问题，而是提出要为自己的小儿子谋职位的事，使赵太后进一步放下心中的戒备，在"爱子"上引起了赵太后感情上的共鸣。最后，触龙因势利导，以柔克刚，用"父母之爱子，则为之计深远"的道理，说服赵太后，让她的爱子长安君去齐国作人质，换取救兵，解除了国家的危难。通过将情与理完美结合，触龙成功劝服赵太后，使她接受将长安君作为人质的建议。

这个故事中的关键启示是，应该准确找到对方认知和情绪的交汇点，而不是将情绪和认知视为对立的过程。这是调节和管理情

記下你的心得体会

绪的重要方法。

　　其次，可以通过具身认知策略来调节情绪。具身认知策略通过改变身体动作和生理指标来达到调节情绪的效果。具体而言，可以通过笑容和愉快的动作来改变我们的情绪状态。例如，我们通过让参与者用嘴衔笔，引发他们的面部肌肉发生类似"微笑"的变化，进而引发参与者对周围人的积极评价。

　　此外，具身认知理论还强调身体动作影响情绪和高级认知过程。因此，如果希望改善一个人的情绪状态，可以先从身体动作和表情入手，通过让他的身体动作和表情作出一些改变，进而改善他的情绪状态。例如，对于抑郁症患者，可以训练他们走路的速度，改善身体姿态，或者要求他们展现微笑的表情，通过改变这些外在的身体动作和表情来改善情绪。这些方法是基于具身认知策略调节情绪的方法。

记下你的心得体会

【知识卡】

具身认知视角下的情绪与认知

你想象过如果自己是一只蝙蝠会有怎样的感受和思考吗？这是托马斯·内格尔（Thomas Nagel）在其撰写的哲学论文《成为蝙蝠是什么感觉？》（*What is it like to be a bat?*）时探讨的问题。对这些问题的讨论涉及具身认知理论的内容。

具身认知理论强调身体的重要作用，认为无论是人类还是其他动物，认知的许多特征都是由生物体身体的各个方面形成的。认知特征包括高级心理结构（如概念和类别）和在各种认知任务（如推理或判断任务）中的表现。身体方面包括运动系统、感知系统、身体与环境的相互作用系统（情境系统）以及机体功能结构中关于世界的假设。

具身认知理论认为，感知系统和运动系统与认知过程紧密相关，情绪和认知不是对立的，情绪具有认知功能，与个体的身体状态、感知经验和动作表达紧密相连。例如，我们在表达佩服时可能会使用成语"五体投地"，"五体投地"指两手、两膝和头一起着地，这样的身体姿态表达了佩服的认知体验。然而，对于蝙蝠或章鱼来说，这可能是一个它们无法实现的动作，因为蝙蝠或章鱼跟人类的身体形态是不同的。如果蝙蝠或章鱼能够产生佩服或者崇拜的心理体验，它们可能也不会用"五体投地"这样的动作来表达这种心理体验。

小结

1. 情绪与认知不是对立的两个维度。

2. 将感性和理性这两个维度结合起来可以得到四个不同的象限，分别代表四种类型的个体。

3. 要达到情绪调节的目的，有两种方法可供选择。首先，需要学会观察并了解他人的情绪，认识到情绪和认知不是对立的，通过综合性的调节策略找到情绪和认知的交汇点，进而实现改善和调节情绪的目标。其次，通过具身认知策略训练和调节情绪，也是一种可行且有效的改善和调节情绪的方法。

反思·实践·探究

明杰（化名）今年要参加高考，他平时成绩优秀，对自己要求严格，对未来充满了期待。然而，在一次模拟考试中，他遭遇了失败，没有取得理想的成绩。这个结果对他来说是一个打击，让他感到沮丧和失望。第二天，他躺在床上，情绪低落，不愿意去上学。

明杰的妈妈走进他的房间，看到他躺在床上，神情沮丧。她没有说什么，而是问他愿不愿意和她一起躺在地板上，明杰答应了。他们一起躺在地板上，妈妈轻轻地说："你还记得在你小时候，我们经常像这样躺在地板上吗？你当时经常会聊到你的梦想。"

明杰抬起头，眼神有些迷茫，他试图掩饰自己内心的困惑和失落。他轻轻地叹了口气，说道："妈妈，我真的觉得很难过，我付出了那么多努力，却没有得到我期待的结果。我不知道该怎么面对这样的失败，感觉好失望，好沮丧。"

妈妈说道："是呀，失利带来的失望和挫折感是很难受的，尤其你又是一个如此有志向的孩子。"

明杰的泪水不禁流了出来，他说："妈妈，我很担心得不到我想要的结果，我很担心到不了我想要的未来。我觉得如果我此刻放弃了，就不必面对这些可能会出现的失败与挫折了。"

妈妈说道："你很聪明，放弃确实是一种有用的解决方案。妈妈想问你，你还记得小的时候我们在公园里比谁的力气更大吗？我们去搬不同的石头，有些搬得动，有些搬不动，当时的你也曾经因为搬不动一些石头而感到难过。但是那些搬不动的石头，有些你今天已经搬得动了，有些你今天依旧搬不动，还有一些巨大的石头，可能在这个世界上没有人能凭一己之力搬动，可是就算搬不动又能怎样呢？"

明杰抬起头，眼神中透露出一丝困惑和好奇。他停止哭泣，倾听母亲的话语。他回忆起小时候和母亲在公园里玩儿的场景，他轻声说道："是的，妈妈，我记得那些石头。有些当时搬不动的石头现在我已经能够轻松搬动了，这让我感到自豪和成长；但有些石头，不论我如何努力，依旧无法搬动……你说得对，即使搬不动一些石头，也并不意味着我就是个失败者。或许，关键在于我如何看待这些搬不动的石头，以及如何寻找其他的解决方案。"

母亲微笑着点头，继续说道："没错，这些搬不动的石头并不代表你的能力或价值，它们是存在的，让你认识到在人生的旅程中，有些事情是超出我们个人能力范围的。但是，正因为如此，我们可以学会寻找其他的途径，寻找新的机会和出路。"明杰的眼神中逐渐闪烁出希望的光芒，他明白母亲所说的道理，考试失败并不意味着人生失败，他总会找到自己的机会，创造自己的价值。

1. 明杰的妈妈运用了怎样的方法引导明杰调节情绪？
2. 为什么讲道理有时难以实现情绪调节？

情绪表达与掩饰

压力与情绪

【知识导图】

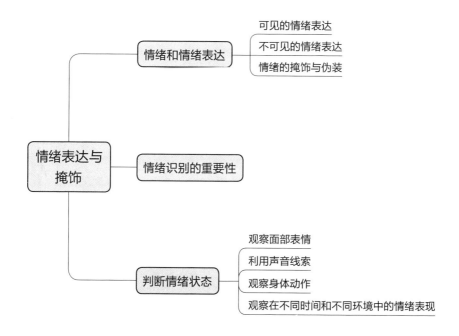

情绪表达与掩饰
- 情绪和情绪表达
  - 可见的情绪表达
  - 不可见的情绪表达
  - 情绪的掩饰与伪装
- 情绪识别的重要性
- 判断情绪状态
  - 观察面部表情
  - 利用声音线索
  - 观察身体动作
  - 观察在不同时间和不同环境中的情绪表现

情绪和情绪表达

提到情绪表达，我们常常会想到表情。情绪表达与表情有着密切的联系。但情绪表达不仅仅通过表情进行，实际上，情绪表达包括可见的情绪表达，也包括不可见的情绪表达。

可见的情绪表达

可见的情绪表达是一种重要的交流方式，主要通过面部表情、声音表情和动作表情来传达个体内在的情感状态。

面部表情通常是我们最先注意到的可见的情绪表达形式。面部表情是面部肌肉微小而快速的动作，与当事人的情绪体验密切相关。例如，微笑可以表达愉悦和友好，皱眉则可能表达担忧或不满。面部表情在社会交往中起着重要的作用，它们能够帮助我们理解他人的情绪和情感状态，并根据需要作出适当的反应，也能传达信息，表达我们的情绪和需要。

声音表情通过声音的音量、语速和音调

来表达情绪。大声、快速和高音调的声音通常与激烈的情绪（如愤怒或兴奋）相关。相反，低声、缓慢和低音调的声音则可能在表达抑郁或沮丧的情绪。声音表情能够增强语言的表现力，使人类的情感更加生动和真实。不仅人类可以通过声音表达情绪和情感，动物也可以通过声音表达各种情绪，在害怕或惊恐时，人类可能会尖叫或呼救，而动物也可能会惊叫，如鸟类在恐惧时发出警戒的叫声。

动作表情是通过身体动作和姿势来传达情绪。走路时的身体姿态、速度和步伐可以反映个体当时的情绪状态。昂首挺胸的身体姿势通常表达自信和积极的情绪，而低头垂肩的身体姿势可能暗示着沮丧或消沉的消极情绪。动作表情能够提供额外的情绪信息，帮助我们更好地传达自己的内心感受，理解他人的内心感受。例如，人类在表达愤怒时，可能会紧握拳头或挥舞拳头、瞪大眼睛、皱眉或咬牙切齿等，动物可能扩张身体以显示高度或张开嘴巴露出尖牙。

综上所述，可见的情绪表达形式为我

们传达和感知情绪和情感状态提供了丰富的途径和线索，面部表情、声音表情和动作表情相互交织，共同构成了情绪表达的丰富语言，使我们能够更加准确地理解他人的情绪和情感，增进彼此之间的沟通和理解。

不可见的情绪表达

接下来让我们讨论一下所谓的不可见的情绪表达。有时候，提到不可见的情绪表达时，我们可能直接用"微表情"这个词来代替。微表情是指在非常短暂的时间范围内（通常为 1/25 至 1/5 秒）出现在面部肌肉上的微小而快速的肌肉动作。微表情可以反映个体内部真实的情绪状态。微表情往往是在个体还没来得及对情绪进行控制或伪装时自发出现的表情动作，因此它通常被认为是一种非常真实的情绪表达。微表情主要指面部肌肉的动作，这些肌肉动作非常快、非常微弱，是肉眼无法直接观察的。由于微表情的时长极短且不易察觉，一般人很难直接观察到微表情并对其进行解读。然而，通过高速摄影和慢动作回放的技

记下你的心得体会

术，我们可以将微表情放慢并放大，从而使观察者能够轻松捕捉到这些微妙的面部肌肉动作。

当然，除了微表情之外，我们还可以通过一些肉眼难以直接观察到的生理变化来了解个体的情绪状态，包括心率、呼吸频率、血压、皮肤电和脑电等生理指标。这些生理指标可以反映个体即时的情绪改变。例如，当我们说谎的时候，我们往往比说实话的时候更紧张，此时，我们的心跳、血压和呼吸频率等都可能会发生相应的改变，而这种改变是难以用肉眼观察的。但是，通过测量这些生理指标，在千分之一秒的时间节点上探索包括呼吸频率在内的一些生理指标（如心率、皮肤电和脑电）的瞬间变化情况，可以了解个体的情绪变化情况。

生理指标与情绪之间存在密切的关系。情绪是个体内部的主观体验，情绪伴随着一系列生理变化。生理指标可以反映个体的情绪状态，即个体的生理指标会在个体经历不同的情绪状态时发生相应的改变。通过监测这些生理指标，我们可以推断个体当前的情绪状态。例如，心率增加、呼吸频率变快、血压升高等提示我们个体可能处于紧张、兴奋或恐惧的情绪状态。皮肤电的变化也可以反映个体情绪的激活程度，如焦虑或兴奋的程度。脑电则可以揭示脑在不同情绪状态下的活动模式，进而提供识别情绪的线索。生理指标与情绪表达和情绪识别之间是相互影响的关系。一方面，个体在表达情绪时，个体的生理指标也会随之发生变化。例如，当人表达愤怒时，心率可能会增加，呼吸会加快，血压会升高。另一方面，通过观察和分析生理指标的变化，可以推断个体的情绪状态，从而识别情绪。

这些生理指标有一个共同的特征，就是它们不受主观意志的干预，即使训练也没办法改变生理指标的特征。因此，记录和分析这些生理指标可以让我们较准确地识别他人的情绪状态。

仅仅依靠表情的测谎技术，准确率会非常低。因此，专业的测谎技术更多依赖生理指标，而不是面部表情或声音表情。要达到比较准确的测谎效果，需要综合使用皮肤

记下你的心得体会

电、脑电、心率、血压和呼吸频率等生理指标。通过这些生理指标的变化，可以更全面地评估一个人是否在说谎。然而，需要注意的是，测谎技术并非百分百准确，存在一定的误差。生理指标的变化可能受其他因素的干扰，个体之间生理指标的变化也会存在差异。因此，在使用测谎技术时应该谨慎，需要结合其他证据和信息进行综合评估。另外，测谎技术的应用也受法律和伦理的限制，涉及个人隐私和自由权利的问题。因此，在实际应用中，需要由专业人士来评估和解读测谎结果，并确保测谎过程遵守相关的法律和道德准则。

情绪的掩饰与伪装

提到情绪表达，我们就必须要说另外一个话题，那就是情绪的掩饰与伪装。当人试图掩饰与伪装情绪的时候，就会出现说谎的特征。掩饰与伪装情绪也是一种说谎。

在社会交往的过程中，掩饰与伪装情绪是非常常见的，成年人和儿童都可能掩饰与伪装自己的情绪。分明在这个场合自己很开心，但要装出平静的样子；分明自己心情很沮丧，但要装出快乐的样子。

在抑郁症的众多表现里，有一种非常危险的表现形式，即隐性抑郁。对于这种抑郁症患者来说，可能其抑郁症已经到了非常严重的程度，但是患者不会表现出情绪低落、行动迟缓等典型的抑郁症的特征，反而显得阳光、开朗，时常面带微笑，走路说话也都显得精力充沛。但是，患者的实际情况可能已经很严重了。他可能会在他人意想不到的时候作出一些非常危险的过激行为，例如，自杀。识别隐形抑郁需要综合考虑多个因素，最好由专业的医学专家进行评估和诊断。

对于普通人而言，掩饰与伪装情绪表现也很常见，这个过程涉及很多心理加工过程。当我们要掩饰与伪装情绪的时候，我们就会抑制即时的情绪状态和情绪表达，不让真实的情绪状态表达和显露出来；同时，我们还会伪装一种虚假的情绪状态和情绪表达，当我们把这种虚假的情绪状态表达和呈现给对方的时候，我们还要观察对方是否会

记下你的心得体会

55

识别我的伪装。

这也说明说谎很累的原因。说谎的过程要比说实话或者表达自己真实的情绪状态经历更复杂的认知加工过程，消耗的认知资源也更多。这就是说谎非常累的一个理由。当一个人在说谎的时候，从外在的表情和到内在的生理变化，都会出现与诚实不一样的变化和特征，这些变化和特征可以用来测量个体是否说谎。

情绪识别的重要性

识别和判断面部表情对人类和动物具有重要的作用。大多数人通过观察对方的面部表情来推断其情绪状态，并作出相应的反应。这种情绪识别能力几乎是与生俱来的，甚至许多动物也能够识别人类或动物的面部表情，并据此推断其情绪状态。例如，养宠物的人会发现，狗能够通过主人的面部表情来判断主人的情绪状态，猫能够通过观察其他猫的表情和体态来判断其情绪状态。

记下你的心得体会

对于婴儿和年幼的个体来说，识别面部表情并根据面部表情判断情绪的能力具有重要的生存性价值。如果缺乏这种情绪识别的能力，会极大影响个体的社会交往和人际关系，进而影响智力的发展。例如，自闭症儿童常常难以通过他人的面部表情识别他人的情绪状态，这导致他们缺乏社会交往能力，进而影响他们智力的发展。具体而言，自闭症儿童往往难以理解和适应他人的情绪表达，他们可能无法准确解读他人面部表情中蕴含的情绪信息。在一般的或者正常的社会交往中，自闭症儿童往往会显得比较缺乏社会交往能力，因为他们很难和对方进行有效的情绪层面上的交流。这种社会交往障碍会对自闭症儿童的智力发展产生重大影响。正常的社会交往为儿童提供了丰富的学习和发展机会，而自闭症儿童由于社会交往困难，往往无法充分利用这些机会，从而导致智力发展滞后。很多自闭症儿童在十一二岁以后，智力发展开始滞后于正常儿童，而这种智力发展滞后首先是由自闭症儿童社会交往能力低下导致的。

记下你的心得体会

【知识卡】

自闭症儿童如何表达情绪

自闭症全称为自闭症谱系障碍，是一种广泛性发育障碍。自闭症的核心症状包括社交互动和沟通困难，刻板重复的行为模式、兴趣或活动以及感官敏感性。自闭症是一种谱系障碍，这意味着它在每个人身上的表现非常不同。例如，有些人不会说话，而另一些人则精通口语。

当谈论自闭症时，自闭症患者如何表达情绪是一个重要的话题。以下是自闭症患者在表达情绪时的一些较为典型的特征。

1. 非语言表达。自闭症儿童通常通过非语言的方式来表达情绪和情感。他们可能通过面部表情、手势和身体动作等来传达情绪和情感。

2. 情绪强度。自闭症儿童可能对刺激变化表现出更强烈的反应。他们可能更容易感到过度刺激或焦虑，并对变化作出非常明显的情绪反应。

3. 语言障碍。由于自闭症儿童存在语言和交流障碍，他们可能无法有效地用语言表达自己的情绪和需求，这可能导致他们沟通困难，在表达情绪时遇到挑战。

4. 难以理解他人的情绪状态。自闭症儿童可能难以准确地理解他人的情绪状态。他们可能无法读懂他人的面部表情、身体动作和声音的细微变化，这影响他们与他人的情感交流。

5. 个体差异。每个自闭症儿童的情绪表达方式都可能有所不同。他们可能具有独特的情绪表达方式，面临独特的挑战，因此需要为他们提供个性化的支持。

总之，自闭症儿童的情绪表达有一些独特的特点，但通过适当的支持和教育，可以帮助他们提高情绪表达能力和理解他人情绪情感的能力，提升其社会交往和生活质量。

判断情绪状态

心理或精神领域的临床工作者通常不需要具备测谎的能力，而需要具备敏锐的观察能力、综合考察问诊的能力和测量数据的能力。心理咨询师或精神科医生通常具备敏锐的观察能力。在与来访者或患者交流时，心理咨询师或精神科医生通过仔细观察、全方位地问诊和相应地测量，包括生理指标的测量等，综合数据和观察结果，能够作出比较准确的判断，即判断一个人是否患有心理问题或精神疾病。这种诊断结果依赖于多方面的经验数据的综合，而不是单一因素。

这种做法给我们带来了一定的启示作用。为了尽可能准确地判断对方的真实情绪状态，我们需要具备敏锐的观察能力。我们应该及时、精准地把握对方的情绪特征和状态，并能够在获得的多方面信息和内容之间建立联系，综合各方面信息，并在条件允许的情况下，借助一些设备来进行辅助判断。然而，测谎技术的准确性不足，测得的结果仍然存在一定误差。此外，一些复杂的心理学实验技术可能不适用于日常的工作环境，因为它的技术要求较高，需要专业的设备，也需要具备专业理论知识的人来操作设备。此外，心理学实验过程通常耗时较长，在日常的工作中，这些技术可能并不适用。

那么，我们要如何尽可能准确地判断对方的情绪状态呢？以下是四点可行的建议：

1. 观察面部表情。面部表情是人显露情绪的最显著的信息来源之一。仔细观察对方的面部表情，包括面部肌肉动作的协调性、时间特征和反应特征，可以帮助我们辨认他人真实的情绪状态。

2. 利用声音线索。观察对方的语速和音调的快慢、音量和节奏等的变化，可以为我们提供关于对方情绪状态的信息。

3. 观察身体动作。观察对方的身体动作，并与面部表情和声音线索结合起来，洞悉对方的情绪状态。

4. 观察在不同时间和不同环境中的情绪表现。通过在更长的时间线索和更广的空间范围内观察，我们可以更准确地了解对方的情绪状态。例如，当我们与一位朋友见面时，他热情地欢迎我们，但在握手时却出现一些回避动作，整个话语和动作之间存在不一致和局部的不协调，这可能是伪装的线索。真实表达情绪的人应该在各个方面都表现出协调一致。我们可以在不同的环境中与对方交流，观察他们在不同环境中的表现，以及他们与不同人交流时的情绪状态。通过

记下你的心得体会

整合多方面信息，我们才能更准确地识别对方的情绪状态。

需要注意的是，对于某些隐藏的情绪状态，例如，隐形抑郁症等，可能需要更长时间和更多方面的观察。一次问诊可能是不够的，需要多次问诊，或者在不同场合进行多次观察。通过整合多方面的信息，我们可以更好地识别隐藏的情绪状态。

综上所述，判断对方的情绪状态需要在更长的时间线索和更广的空间范围内，综合观察对方的面部表情、声音线索和身体动作，通过综合分析，准确了解他人的情绪状态，并更好地与他们互动和交流。

小结

1. 情绪表达包括可见的情绪表达和不可见的情绪表达。

2. 情绪掩饰与伪装是说谎的一种形式，需要花费大量认知资源。

3. 情绪识别具有重要的生存性和适应性价值，但并不是人类独有的能力。

4. 判断和理解情绪可以通过观察面部表情、声音线索和身体动作实现，观察对方在不同时间点和不同环境中的情绪表现也有助于作出准确的情绪判断。

反思·实践·探究

《内在生命：精神分析与人格发展》中记载了一个令人心碎的案例。

一对相当敏感的父母带他们的小孩雅各布来找治疗师，孩子很小（18个月大），也很聪明，但他似乎要将父母逼疯了，因为他没有片刻是安静的，也不睡觉。第一次看到雅各布，在他的父母向治疗师解释他所有问题时，治疗师注意到雅各布不停地四处走动，仿佛着迷似的想在治疗师那空间有限的诊疗室的所有角落寻找某种他始终无法找到的东西。雅各布的父母解释说，雅各布一直都是这样，夜以继日。偶尔，雅各布会把诊疗室中的几样东西拿起来摇一摇，像是想把它们重新摇活过来一样。他的父母接着说，雅各布在几个重要的发展点上（比如，坐起来、爬行、说出第一个字）似乎都伴随着强烈的焦虑与痛苦，仿佛他很怕会"把某种东西忘在身后"，这是他父母用的字眼。当治疗师简单地对雅各布说，他好像在找一样他丢了但四处找都找不到的东西时，雅各布突然停住不动，并且非常热切地看着治疗师。接着治疗师说，他想把所有对象摇到重新活过来的举动，似乎是因为他担心这些东西静止不动就意味着死亡。这时，雅各布的父母差点哭了出来，他们告诉治疗师，其实雅各布是个双胞胎，但他的孪生兄弟提诺（他们决定为他取这个名字）在临盆前2周胎死腹中。因此，雅各布有2周的时间是和这位已经死去的、没有反应的孪生兄弟，一起待在妈妈的子宫中。治疗师仅仅是对此事有所觉察，并将——从雅各布出生时的危急状况开始，把雅各布认为自己发展的每个进程都可能伴随亲人的死亡，而雅各布对此感到恐惧——转化成语言说出来时，雅各布的行为就发生了不可思议的变化。

    1. 本案例中，治疗师通过哪些方面的观察准确地识别并判断雅各布的情绪状态？

    2. 生理指标、行为与情绪之间的关系是完全对应的吗？

情绪的发展

压力与情绪

【知识导图】

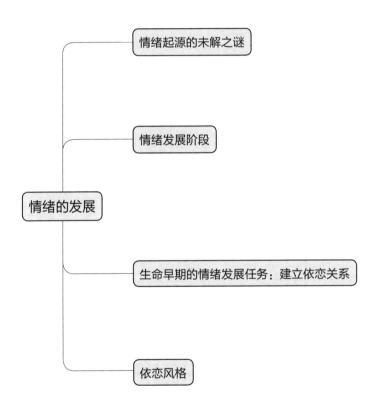

情绪从幼儿期到成年期经历了复杂的发展历程。在童年期，儿童的情绪体验与表达相对简单，随着年龄的增长和社会经验的增加，儿童的情绪逐渐变得更加多样化和丰富，开始出现一些复合性情绪，例如，个体可以既忧又喜，既悲又欢等。

接下来，我们来了解一下情绪的发展过程。情绪的发展主要体现在情绪表达、情绪理解和情绪调节与控制三个方面。这三个方面在生命发展的不同阶段会呈现出不同的特点。比如，在生命早期，以情绪表达为主，而情绪理解和情绪调节与控制则相对较少。接下来，我们将详细介绍情绪发展的阶段和生命早期的情绪发展任务。在此之前，我们先了解一下情绪的起源。

情绪起源的未解之谜

关于情绪起源，依旧有很多未解之谜，引发了许多争论。情绪是先天的还是后天的，这是关于情绪起源的根本性争论。

情绪的先天论强调情绪是与生俱来的，

认为人们生来就具备一些基本情绪。例如，基本情绪理论认为，高兴、悲伤、愤怒、恐惧等是人类共同具备的基本情绪，这些情绪在大脑中有对应的神经机制。但是，不同的理论对于基本情绪的解释可能会有所区别，像高兴、悲伤、愤怒、恐惧和焦虑这五种情绪，不同理论的解释基本相同，而其他情绪，像懊恼、烦躁和自得，不同理论的解释可能有所不同。

影响情绪发展的先天因素被称为气质。气质指的是个体与生俱来的对环境因素的反应在神经活动层面表现出来的特征差异。不同的气质类型（如胆汁质、多血质、黏液质和抑郁质）有不同的反应特征和行为方式。

【知识卡】

一种古老的心理类型论：气质类型理论

气质类型是指个体在情绪发展中表现出的不同特征和行为方式。古希腊学者、医师希波克拉底（Hippocratēs，约前

460—前377）最早提出有关气质类型的概念。后来，罗马医师、解剖学家盖伦（Claudius Galen，约130—200）又把气质归为四种主要的类型：胆汁质、多血质、黏液质和抑郁质。每种气质类型都与不同的神经活动模式和行为倾向相关联。

1. 胆汁质。胆汁质类型的人，通常表现出较强的情绪反应和高度的活跃性。他们充满信心和活力，容易激动和愤怒。胆汁质类型的人喜欢主导和控制他人，追求成功和成就。

2. 多血质。多血质类型的人性格活泼开朗，富有朝气和热情。他们善于社交，喜欢与人交流和建立联系。多血质的人天性乐观，乐于接受新事物和挑战。

3. 黏液质。黏液质类型的人通常表现出冷静、稳定和平和的性格。他们对待事物持平衡态度，不易冲动。黏液质类型的人喜欢和谐与稳定，倾向于避免冲突和紧张局势。

4. 抑郁质。抑郁质类型的人常常表现出敏感和内向的性格特点。他们倾向于深思熟虑，情绪较为内敛。抑郁质类型的人对负面情绪和悲伤更为敏感，容易陷入忧郁和沮丧的情绪状态。

需要注意的是，气质类型并不是绝对的，一个人在不同情境下可能表现出多个气质类型的组合。而且，气质并不决定一个人的性格或命运，气质只是个体在情绪发展中的一种特征。

情绪的发展也受后天因素，包括家庭环境、教养方式、社会文化和社会互动等因素的影响。这些后天因素塑造了个体的情绪表达方式和情绪调节能力，影响着情绪的发展和变化。越来越多的情绪理论探索自然环境与社会环境在情绪发展过程中的作用，比较有代表性的情绪理论有情绪建构理论和情境主义情绪理论等，这些情绪理论强调情绪的可变性以及环境和社会的建构性，为我们理解情绪的复杂性和多样性提供了更广阔的视野。

除了先天与后天的争论，情绪是普遍的还是独特的，也是一个备受争议的问题。不难发现，基本情绪理论承认情绪具有普遍性，认为情绪是人类普遍的心理体验，人类共享一些基本的情绪体验和情绪表达方式。然而，个体在情绪表达和情绪体验上也呈现出独特的差异，情绪建构理论就非常强调情绪的独特性和多样性。

情绪发展阶段

从时间线索来看，情绪发展可以分为以

下四个阶段。

1. 基本情绪分化期（0—2 岁）。在这个阶段，儿童发展并分化出越来越多的基本情绪类型，这一时期发展出的情绪主要为外源性情绪。儿童开始通过面部表情、身体动作和声音等表达其分化而来的各种基本情绪。

2. 外源性情绪与内源性情绪发展期（2—11 岁）。这一时期包含两个阶段，外源性情绪发展阶段和外源性—内源性情绪转化阶段。2—7 岁，儿童的情绪依旧主要受外源性刺激的影响，但是与基本情绪分化期相比，此时儿童的外源性情绪类别已经较为丰富，儿童对外界的刺激和事件作出明显的情绪反应，如开心、生气、害怕等。比如，得到一颗棒棒糖，儿童就会很高兴。随着成长，内源性情绪越来越丰富，儿童不再一味追求外界的满足和肯定，他们开始体验成就感、满意或自得等关于自我的情绪，这一时期的儿童会追求一种对自我的肯定。比如，因为得到了教师的表扬或同学的称赞而感到有价值。

3. 青春期，情感需求发展期（11岁左右）。这一时期，儿童开始进入青春期。在这一时期，儿童不仅仅越来越重视内源性情绪，还发展出更加稳定和长久的情感。青春期的孩子开始懂得情感的复杂性，他们不再局限于简单的短期情绪体验，而是涉及更成熟的情感内容，例如，恋爱、友谊和家庭关系。他们开始思考和探索自己的情感需求并与他人建立更深入的情感联系。

4. 成年期，情感发展稳定期。随着发展，个体逐渐步入成年期，成年期的情绪发展相对于青春期更趋向于稳定、成熟和自我调适。个体在情绪管理方面有更高的能力和成熟度，情感关系更加稳定。然而，个体在面对特定情境和挑战时仍可能经历情绪的波动和挑战，因此情绪教育和情绪健康的培养在成年期仍然非常重要。

生命早期的情绪发展任务：建立依恋关系

婴幼儿时期的情绪发展有一个重要的

任务，即建立依恋关系，这是婴儿情绪发展和情绪体验的重要内容。依恋关系是指婴幼儿时期婴幼儿与主要照顾者之间建立的一种情感联系和亲密关系。在这一时期，婴幼儿对主要照顾者（通常是父母或主要看护者）表现出强烈的依赖和亲近的需求。通过与主要照顾者情感交流、互动和关怀，婴幼儿建立起安全感和信任感。依恋关系对儿童的情感和心理发展具有深远的影响，一个良好的依恋关系可以为儿童提供儿童所需的安全感和支持，婴幼儿也会在与主要照顾者的互动中学习如何表达情感、解决问题和建立亲密关系，这有助于培养婴幼儿的情绪调节能力、社交技能和自尊心。依恋关系对于个体成年后的心理和情感健康也有长远的影响。研究表明，良好的依恋关系与较少的心理健康问题和较高的生活满意度相关联，而不安全的依恋关系则与更多的心理健康问题和较低的生活满意度相关联。

美国心理学家哈洛（Harry Harlow，1905—1981）及其同事曾经通过恒河猴实

记下你的心得体会

验探索依恋关系，并探究依恋关系对儿童发展的影响（哈洛的恒河猴实验如图 3 所示）。在实验中，哈洛将刚出生的恒河猴作为研究对象。哈洛设计了两个替代母亲的实验装置：一个是用铁丝网制成的母猴模型；另一个是用绒布制成的母猴模型。其中，用铁丝网制成的母猴模型提供食物（奶），而用绒布制成的母猴模型不提供任何食物。

图 3　哈洛的恒河猴实验

　　哈洛的实验结果引人注目。尽管用铁丝网制成的母猴模型为小恒河猴提供了食物，但小恒河猴更倾向于与用绒布制成的母猴模型建立联系。它们会抱着用绒布制成的母猴模型，依偎在它们身边，并从中获得安全感和安慰。

这一实验结果挑战了当时行为主义盛行下流行的观点，即认为单纯满足生理需求就可以保证个体的健康发展。哈洛的实验揭示了情感支持、安全感和亲密接触在个体发展中的重要性。研究揭示了依恋关系在儿童成长中的关键作用，对于亲子关系和儿童发展的理解产生了深远的影响。

依恋风格

依恋风格的概念最早由英国心理学家鲍尔比（John Bowlby，1907—1990）提出，旨在解释儿童与主要照顾者之间的依恋关系对于个体的发展和健康所起的作用。鲍尔比是20世纪最重要的发展心理学家之一，与哈洛一样，鲍尔比也对行为主义展开批判。批判主要集中在行为主义忽视了人类情感和关系的重要性，以及将依恋关系简化为环境刺激和反应上。鲍尔比认为，依恋关系建立在情感联系和情感满足上，不仅仅是对刺激的反应。

根据依恋理论，个体的依恋风格可以分为以下四种：

记下你的心得体会

1. 安全型依恋风格。安全型依恋风格的个体通常能够建立稳定、亲密的关系。安全型依恋风格的孩子会在母亲离开时感到不安，可能会表现出焦虑和哭泣等情绪反应。然而，当母亲返回时，他们会迅速安静下来并接受母亲的安慰。他们相信母亲会回来，并且对母亲的关爱和支持有信心。安全型依恋风格的个体对自己和他人都有积极的认知，并能够有效地与他人沟通和表达情感，他们相信自己是值得爱的，也相信他人是可以信赖的。

2. 不安全—回避型依恋风格。不安全—回避型依恋风格的个体倾向于回避亲密关系，不愿意表达情感。不安全—回避型依恋风格的个体更倾向于独立和自主，可能对依赖和亲密关系感到不安或不信任，他们可能抑制自己的情感需求，与他人保持一定的距离。不安全—回避型依恋的孩子可能对母亲的离开和返回表现出相对冷漠的态度。他们可能会忽略母亲的存在或者对母亲的返回不作出明显的积极反应。不安全—回避型依恋风格的孩子可能已经适应了母亲的离开和返

记下你的心得体会

回，更倾向于独立和自我调节。不安全—回避型依恋风格的成年人在恋爱或者婚姻关系里可能会有一种比较常见的表现，即一旦他觉得没办法从对方那里获得足够的确认和安全感，他会率先提出分手，尽管分手对他而言是非常痛苦的。

3. 不安全—矛盾型 / 不安全—抗拒型依恋风格。不安全—矛盾型 / 不安全—抗拒型依恋风格的个体常常感到不安全和不确定，对他人的情感需求更加敏感和依赖，也被称为焦虑型依恋风格。焦虑型依恋风格的孩子难以离开母亲，他们在母亲离开时可能表现出极度的焦虑和恐惧，他们可能会紧紧抓住母亲，哭泣、大声呼叫或追逐母亲。当母亲返回时，他们可能表现出过度依赖和需要，难以安抚下来。这种依恋风格可能反映了孩子对母亲离开和返回的过度敏感。这种类型的个体常常担心被拒绝或被遗弃，需要依靠持续确认和接触来稳定情感，他们通常对亲密关系充满渴望，但也常常担心失去这些亲密关系。

4. 不安全—混合型依恋风格。这种类型的个体相当难以调整和矫治。不安全—混合型依恋风格的个体表现出安全型依恋风格、不安全—回避型依恋风格和焦虑型依恋风格的混合特征。不安全—混合型依恋风格的个体在不同的情境中可能表现出不同的依恋风格，对不同的人或关系可能具有不同的依恋态度和反应，缺乏固定的依恋模式。这种依恋风格的儿童，其抚养者可能存在情绪问题或严重的依恋问题，使得抚养者的养育行为和行为表现是不稳定的，进而导致儿童对于他的抚养者形成一种不确定的、混乱的依恋关系。这一类型的个体在成年以后可能会表现出一些不健康的情绪反应和不健康的人格特征。

在家庭暴力中，施暴者的依恋风格可能是不安全的依恋类型，尤其可能是不安全—回避型依恋风格或不安全—矛盾型/不安全—抗拒型依恋风格。这些依恋风格通常源于施暴者成年早期负面的生活经历和不健康的家庭环境对施暴者的情感发展产生的持久的负面影响。不安全—回避型依恋风格的施暴者往往倾向于回避和避免亲密关系。他们可能对情感关系感到不安全或恐惧，并采取

78

回避的策略来应对这种不安。当面临紧张、冲突或情感压力时，他们倾向于退缩、沉默并回避与伴侣的互动。这种回避行为可能导致伴侣感到被忽视、孤立和无助。不安全—矛盾型 / 不安全—抗拒型依恋风格的施暴者则经常表现出过度依赖和控制的行为。他们非常害怕被伴侣抛弃或拒绝，因此会感到极端焦虑和不安。为了避免这种情感痛苦，他们会采取控制、威胁或暴力的方式来维持自己的权力和控制感。他们可能试图控制伴侣的行动、思想和情感，以满足自己的需求和安全感。

施暴者的依恋模式常常与自身的情绪调节困难、自尊问题以及对权力和控制的渴望有关。他们可能在自己的成长环境中缺乏健康的榜样和情感支持，导致他们无法积极应对情绪和冲突，而是倾向于暴力的问题解决方式。然而，并不是所有不安全—回避型依恋风格或不安全—矛盾型 / 不安全—抗拒型依恋风格的个体都会成为施暴者。许多人能够通过自我认知和个人成长改变自己的依恋风格，并学会健康地处理情感和冲突。

记下你的心得体会

小结

1. 情绪的发展主要体现在情绪表达、情绪理解和情绪调节与控制三个方面。

2. 情绪的起源存在先天与后天之争，关于情绪是普遍的还是个性化的，同样存在争议。

3. 情绪发展包括四个阶段：（1）基本情绪分化期；（2）外源性情绪与内源性情绪发展期；（3）青春期，情感需求发展期；（4）成年期，情感发展稳定期。

4. 生命早期的情绪发展任务是建立依恋关系。

5. 依恋风格包含四种类型：安全型依恋风格、不安全—回避型依恋风格、不安全—矛盾型、不安全—抗拒型依恋风格和不安全—混合型依恋风格。后三种类型属于不安全型依恋。依恋风格是会改变的。

反思·实践·探究

"我们在一起很久了，但是还不熟。"艾米对杰克说。她坐在阳台上，眺望着远方的风景，思绪飘忽。多年前，杰克和艾米相遇于大学校园。从一开始，艾米就被杰克内敛而深沉的个性吸引。他们逐渐成为朋友，分享彼此的喜好和梦想，后来又发展为情侣。

随着时间的推移，艾米试图与杰克建立更深入的亲密关系，但杰克总是回避，无论是分享情感还是处理冲突，杰克都显得犹豫和不愿意面对。

每当艾米表达自己的情感需求时，杰克常常选择沉默或转移话题，这使得他们之间的沟通陷入困境。这种回避行为导致艾米感到被忽视和孤立，她对杰克的冷漠感到心痛。艾米多次尝试与杰克对话，希望他能够理解她的需要并与她展开亲密的交流。然而，这些努力似乎总是无法打破杰克内心的壁垒。

有一天，艾米问杰克是否读过《巴别塔之犬》，她谈到书中描述的男主角回避亲密关系而导致隔阂的情节，暗示了她与杰克之间的困境。杰克有些不耐烦地回答："不，我没读过那本书。我们不必用书中的故事来暗示我们的问题。"然而，艾米这一次非常坚定而直接地表述了自己的感受，她告诉他，每当她试图与他沟通或表达情感时，他的回避和转移让她感到被忽视和孤立。杰克略感不安地回应："我知道我一直在逃避，但我不明白为什么。越是深陷其中，我就越感到恐惧和压力。"艾米着重强调："我理解你面对新的处理方式时的不安，但是我只是希望你理解，我也需要你的支持，你也同样带给我与以往不同的体验。我们都在面对新的挑战，我们需要找到合适的方法。"杰克静静地倾听着艾米的话，感受到她深沉的爱和支持，也开始理解艾米的无助和挣扎，并反思自己的模式带给艾米的影响。他明白他们需要共同探索，找到适合双方的相处模式。他们决心一同踏上新的旅程，克服困难，建立更强大的连接。

1. 如何与不安全—回避型依恋风格的人相处？

2. 如何对不安全依恋风格的人进行干预？

情绪的社会化发展

压力与情绪

【知识导图】

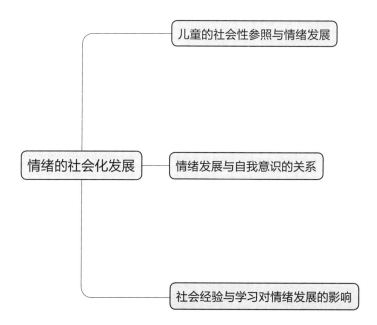

从两三岁开始，儿童的情绪发展开始进入社会化发展的阶段。在这个发展阶段，儿童的情绪发展开始以参照社会性因素和周围其他人的情绪表达为主，并在此基础上作出自己的判断。在这个发展阶段，儿童情绪发展的主要特征是：情绪发展从早期的个体化情绪逐渐转向社会化情绪，开始根据周围人的反应来调整自己的行为。儿童开始学会观察周围人的情绪反应来判断自己当前的情况以及可能遭遇的危险。例如，一位妈妈抱着孩子，突然，有一个陌生人走过来，孩子会观察妈妈的表情，如果妈妈的表情是放松而微笑的，那么孩子就会对陌生人表现出友好而接纳的态度，然而，如果孩子观察到妈妈的表情很紧张，甚至表现出恐惧和惊慌的特征，那么孩子也会感到恐惧，可能哭出来并回避这个陌生人。情绪的社会性参照特征体现了情绪体验和情绪表达的社会化发展。

儿童的社会性参照与情绪发展

在儿童的社会性参照问题上，有一个

经典的研究——视崖实验。视崖，即视觉悬崖，是美国康奈尔大学心理学家吉布森（Eleanor J. Gibson，1910—2002）和沃克（Richard D. Walk，1920—1999）用来测量婴儿和动物深度知觉的一种实验装置。后来，索斯（James F. Sorce）等人用这一装置测试了母亲的情绪信号对婴儿行为的影响。实验表明，婴儿在面临未知情境时，会通过观察母亲的表情来判断自己的处境，这就是情绪的社会化发展。

在视崖实验中，研究者构造了一个视觉悬崖，婴儿处于平台的一边，前方设置一个视觉落差，即视觉悬崖。婴儿的身体在玻璃上，即使在有视觉落差的一边，婴儿也是安全的。然而，实验发现，当婴儿爬到有视觉落差的一边时，婴儿似乎感觉自己处于悬崖边缘，拒绝前进。在实验中，婴儿被放置在平台一边，这边看起来是安全的。然而，让婴儿的母亲站在对面，婴儿开始往母亲那边爬。当婴儿爬到视崖边缘时，如果母亲微笑，露出鼓励的神情，很多婴儿会勇敢地继续往前爬，爬过视崖，到达母亲那边。然

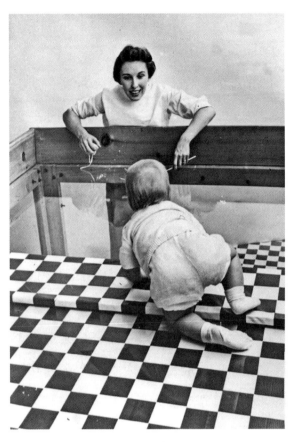

图 4　视觉悬崖

记下你的心得体会

而，如果母亲露出紧张的表情，婴儿就会停在视崖边缘，不敢再往前爬。

这个研究表明，儿童在面临未知情境时，会利用社会性参照来判断环境是否安全。这种社会性参照的能力在一岁左右就开始出现。通过社会性参照，儿童逐渐实现了情绪的社会化发展。视崖实验为我们提供

87

了有关儿童情绪发展和社会性参照的重要洞见。

情绪的社会化发展可以分为两个阶段：从 2 岁到 7 岁左右，以及从 7 岁到十一二岁，即青春期前。这两个阶段的发展主要取决于儿童的生物性发展、身体成长与认知发展。儿童情绪体验和表达的发展与社会性参照密切相关，主要体现在以下三个方面：（1）随着儿童认知能力的提升，他们逐渐能够认识和理解更复杂的社会环境和人际关系；（2）随着年龄增长，儿童能够表达复杂的、混合的情绪；（3）随着年龄的增长，儿童的情绪表达与情绪体验可能会出现分离，儿童可能会掩饰或抑制情绪表达。

例如，害怕是儿童与生俱来的一种情绪体验，害怕会随着社会化发展而表现出不同的形式：初生婴儿往往对突发的噪声、陌生人或者陌生物体，以及突然坠落这样的事情事件表现出先天性的害怕的情绪反应。随着儿童的社会化发展和社会经验的增加，2 岁以后的儿童害怕的对象逐渐发生转变。例如，两岁以后的儿童开始害怕比较强大而富有攻击性的动物，害怕黑暗，等等。到了七八岁或更大的年龄，儿童才开始表现出社会性恐惧，如害怕被别人孤立，害怕被别人嘲笑，等等。青春期是一个充满挑战和变化的阶段，这对青少年的情绪管理提出了新的要求。在这个阶段，青少年常常会尝试掩饰自己的真实情绪。掩饰情绪、重新评估情绪反应等更高级的情绪调节能力在青春期会得到进一步发展，这种能力的发展与前额叶的成熟有一定的关系。前额叶区域涉及自我控制、决策和行为规划等高级认知功能。

给情绪命名的能力也与情绪的社会化发展有关，这一能力始于 2.5—3 岁左右，与儿童的语言能力发展相统一。儿童具有一定的语言表达能力以后，开始有能力给情绪命名。此时，儿童的口头表达中开始出现诸如"害怕""紧张""开心"等描述情绪的词语，并且儿童可以用这些词语来描述和指称自己的情绪状态。

情绪发展与自我意识的关系

儿童的情绪发展和自我意识发展是分不开的。

自我是情绪的内源性因素。当自我意识逐渐清晰的时候，儿童的内源性情绪特征也逐渐显现出来。儿童是否形成了自我意识，通常可以通过儿童是否能够在镜子里面认识自己来进行判断。有一个名为"红点实验"的研究可以考察儿童自我意识的发展情况。

红点实验，也被称为镜子测试。20世纪70年代，心理学家盖洛普（Gordon Gallup）用这种方法评估非人类动物（黑猩猩）是否具有自我意识，这种方法后来也被用来评估儿童自我意识的发展。在这个实验中，研究人员会在参与者（通常是婴儿或动物）的脸上（通常是额头或鼻子）涂上一点红色的无害染料，而参与者在此之前并不知道他们的脸上被涂上红点。然后，研究人员会让参与者照镜子。如果参与者注意到镜子中的红点，并且尝试去摸自己脸上的红点而不是去摸镜子中的红点，那么这被认为是参与者具有自我意识的一个明确的迹象。这是因为，为了做到这一点，参与者必须理解镜子中的映象是他们自己的反射，而不是另一个不同的个体。

研究表明，大约 18 个月到 24 个月大的婴儿开始能够通过红点实验，而在动物中，一些大猩猩、海豚和大象也可以通过这个实验。这些研究发现提供了有力的证据，表明自我意识并不是人类特有的能力，自我意识是在进化过程中在许多物种中独立发展出来的。例如，2019 年的一项研究发现，鱼似乎也具有自我意识（如图 5 所示）。

图 5　鱼能在镜子里认出自己

当儿童明确拥有了自我意识以后，儿童就会产生一系列与自我相关的情绪体验，包括自豪、自满、内疚、尴尬等。此时，儿童逐

记下你的心得体会

渐开始区分主体自我和客体自我，对我是谁、我的边界、与我相关的人与事、我的所有物等与环境和社会有关的内容的理解逐渐清晰起来。可见，内源性情绪的萌芽是随着自我意识的出现和发展而发展的。在儿童的成长与发展过程中，儿童的自我意识逐渐复杂化和多元化，这体现在儿童对自我概念的界定，对自尊、自我价值感和能力等的体验方面。

儿童自我意识的发展充满着不确定性。通常，个体要到 25 岁甚至更大年龄以后才开始出现稳定的、成熟的自我意识。儿童阶段的自我意识是成年后形成稳定的、成熟的自我意识的重要基础。

在儿童时期，主要的情绪发展是从初级情绪向次级情绪发展。随着儿童年龄的发展，初级情绪（如高兴、悲伤、害怕、愤怒等）从两三岁开始逐渐向次级情绪发展。次级情绪（如自豪、罪恶感、羞耻感、尴尬）是初级情绪与自我意识关联后的产物。

以尴尬为例，尴尬可能是由初级情绪中的害怕与自我意识关联后的产物，儿童害怕受到别人的嘲讽，面对他人的负面评价，儿

記下你的心得体会

童可能会产生一种比害怕缓和，但与自我紧密相关的情绪，即尴尬。

次级情绪往往没有明显的外在指向性和典型的表现形式，呈现出强烈的个性化特点，不同个体的内疚、尴尬等次级情绪的表达方式差异较大。情绪表达方式的差异可能与个体的生活经历、父母的期待以及文化背景等因素有关。例如，在多元化、开放的文化背景下，孩子的自我表达可能受到鼓励，因此他们可能较少体验尴尬情绪，在内敛、封闭的社会文化背景下，从小被教育要自我控制的孩子，在公众面前自我表达可能会让他体验到强烈的尴尬情绪。

社会经验与学习对情绪发展的影响

社会经验与学习在情绪发展过程中起着至关重要的作用。为了深入理解这一点，我们将探讨行为主义心理学家华生（John Broadus Watson，1878—1958）的著名研究——小阿尔伯特实验。

小阿尔伯特是华生从医院挑选出来的一

个孩子，他第一次接受实验时只有 8 个月左右。华生通过小阿尔伯特实验验证了情绪可以通过社会性行为习得的理论。在小阿尔伯特实验中，华生和他的助手让 11 个月左右的小阿尔伯特与一只小白鼠一起玩耍。起初，小阿尔伯特并不害怕小白鼠，乐于与小白鼠互动，婴儿的天性还促使小阿尔伯特伸手去触碰小白鼠。然而，当小阿尔伯特与小白鼠玩耍时，实验者在小阿尔伯特身后用榔头猛击钢条，制造出巨大的噪声。这种突然的、巨大的声响让小阿尔伯特感到极度恐惧。通过几次重复，小阿尔伯特开始将恐惧与小白鼠联系在一起，即使没有噪声，他也表现出对小白鼠的恐惧。

虽然小阿尔伯特实验受到了广泛关注，并为情绪学习提供了理论支持，但它在伦理方面受到了严厉批评。小阿尔伯特的真实身份和最后的命运长期以来一直是个未解的谜。然而，小阿尔伯特实验的结论在理解情绪学习方面仍具有重要意义，揭示了情绪在个体的社会化过程中的发展，以及情绪在促进个体社会化发展方面所起的作用。

记下你的心得体会

【知识卡】

激进的环境决定论者——华生

华生（John B. Watson，1878—1958）是美国心理学家，行为主义学派的创始人之一。行为主义学派强调可观察的行为而不是主观的感知和感情，是20世纪早期主流心理学流派。

华生在理论上的一大创新就是将心理学的焦点从人类内心的感知、思想和感情转移到可观察的行为上。华生认为，所有的行为，无论是人类行为还是动物行为，都是环境刺激的结果，可以通过条件反射的形式来学习和改变。华生忽略了遗传和生物学对人类行为的影响，仅仅强调环境的作用，因此被称为"激进的环境决定论者"。

华生在《行为主义》（*Behaviorism*）一书中写道："如果你给我一打（12个）健康的婴儿，并让我能控制他们的生活环境，我可以将他们培养成任何类型的人，医生、律师、艺术家、商人、乞丐、盗贼，而不考虑他们的遗传天赋或家族背景。"

华生的这种观点，特别是他的小阿尔伯特实验，引起了很大的争议。在这个实验中，华生通过条件反射使小阿尔伯特对小白鼠产生了恐惧反应，证明了他的观点，即恐惧反应是可以习得的，而不是天生的。然而，这个实验也引发了伦理问题，因为华生为了证明他的理论，对一个无辜的婴儿进行了精神上的伤害。

尽管华生的理论在当今已经不完全被接受，人们已经认识到遗传和生物因素在人类行为中的重要性，但华生的影响仍然存在。华生的研究工作奠定了行为疗法和行为改变的理论基础，这些理论在现代心理治疗中仍然有很大的影响。

小结

1. 情绪的社会化发展可以分为两个阶段：从 2 岁到 7 岁左右，以及从 7 岁到十一二岁，即青春期前。

2. 儿童情绪体验和情绪表达方式的发展与社会性参照密切相关。

3. 初级情绪与自我关联后会发展出次级情绪。

4. 情绪是可以习得的。

反思·实践·探究

W 非常不喜欢计划外的事件，即使获得意想不到的礼物也会让他在惊喜之余感到有些失控，他一直对此感到疑惑。

在一次心理咨询的过程中，W 谈到了自己与父亲之间的一些模式，记忆中，他的父亲是一个阴晴不定的人，在他的成长过程中，经常伴随着父亲无理由的暴怒和体罚。他回忆，父亲会在一些严重的暴力行为之后买礼物给他。在 W 的记忆中，那些礼物是一种补偿，一种带着罪恶感和冲突的安抚。然而，对于一个孩子来说，这种矛盾的情绪交织在一起，让他既期待又恐惧礼物的到来。

成年后，W 大部分时间都漂泊在外。某一天，W 回到家中，然而就在当晚，W 的父亲又一次对他实施暴力行为。那天，W 的内心充满了绝望和无助。尽管他已经以成年人的身份生活多年，但他的父亲的暴力行为依然令他无法摆脱童年的阴影，他感受到了一种无边的伤痛，仿佛童年的恐惧和不安再次袭击了他的心灵。

这一次的事件彻底激发了 W 内心深处的恐惧，从那时起，他开始对所有出乎预料的事情产生极度的不安和恐惧，包括收到意想不到的礼物，他的内心会因此泛起那种受伤的感觉，仿佛回到了那些困惑和恐惧的童年时期。

然而，这些回忆再次浮现的时刻也成为 W 走向康复和疗愈的转折点。通过深入的内省和情绪解释，W 开始理解自己内心的矛盾和焦虑，理解了这一情结的源头，这让他开始重新区分惊喜和惊吓，发展出更丰富的情绪体验。

1. 情绪是先天的还是受后天影响？

2. 焦虑、抑郁等情绪是习得的吗？

青春期情绪发展

压力与情绪

【知识导图】

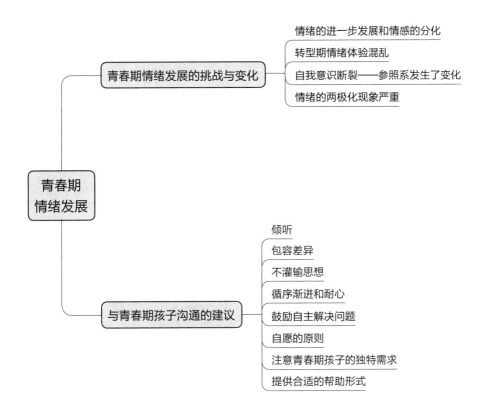

青春期情绪发展

青春期情绪发展的挑战与变化
- 情绪的进一步发展和情感的分化
- 转型期情绪体验混乱
- 自我意识断裂——参照系发生了变化
- 情绪的两极化现象严重

与青春期孩子沟通的建议
- 倾听
- 包容差异
- 不灌输思想
- 循序渐进和耐心
- 鼓励自主解决问题
- 自愿的原则
- 注意青春期孩子的独特需求
- 提供合适的帮助形式

青春期的情绪发展是一个极重要的话题，青少年进入青春期后，在情绪、认知和社会化等方面开始经历重大的发展和变化，可能会出现青春期的叛逆问题。在这个时期，青少年、父母和教师可能都会面临比较严重的困扰。因此，我们将青春期的情绪发展作为一个专门的主题来讨论。

青春期情绪发展的挑战与变化

在青春期，儿童的情绪发展面临一些特殊问题和主题。

1. 情绪的进一步发展和情感的分化。在青春期，儿童的情绪发展从外源性情绪发展到内源性情绪，在此基础上，情绪发展进一步内化和深化，即情绪和情感进一步分化。这可能导致转型期情绪体验混乱，青春期抑郁、非自杀性自伤、厌学、网络或游戏成瘾等情绪问题在这一时期变得更为突出。

2. 转型期情绪体验混乱。这一时期是青春期抑郁的高发期，这一时期也是非自杀性

记下你的心得体会

自伤、厌学、网络或者游戏成瘾等发展问题的高发期。

3. 自我意识断裂——参照系发生了变化。青少年常常感到现实世界与他们构建的理想世界存在差异，这种不确定性和危机感引发了叛逆行为。

4. 情绪的两极化现象严重。青少年的情绪发展出现两极化现象，往往会在是或否、高兴或悲伤、平静或愤怒之间作出极端的选择。青春期的青少年容易出现极端的情绪化倾向。

在青春期，教师和家长的教育方式需要作出适当的调整。青春期是一个被心理学家称为无所归属的自然时期，这个说法源自美国发展心理学家埃里克森（Eric Erikson，1902—1994）的著作《童年与社会》（*Childhood and Society*）中描述青春期青少年状态的一句话："在人生中有一段无所归属的自然时期——青年期，这一时期的年轻人就像杂技场上的空中飞人，在充满活力的活动当中，他必须松开紧紧抓住童年的双手，伸长手臂去紧握成年。在屏息的片刻，他依靠的是过去和未来的关联，过去是他必须离开的那些可依赖的人，未来是那些将要接受他的人们。"青春期正是青少年离开了儿童期，飞向成年人世界的中间的飞行阶段。在空中飞行的时候，青少年松开了儿童期那边支持他的双手，但还没有握住成年人迎接他的双手。这一时期的青少年往往会在情绪、社会性以及认知等多方面体验到不确定性，甚至是危机感。正是他们所面临的这些冲突导致了所谓的青春期叛逆。

在青春期，青少年还表现出一种显著的认知特征——绝对的理性主义。在青春期的青少年眼中，黑和白、对和错之间必须有绝对的界限，一件事情如果是对的，相反的事情就一定是错的。在科尔伯格（Lawrence Kohlberg，1927—1987）关于道德两难问题的研究里，我们也会看到十三四岁的青少年对事件往往缺乏全面的考量，对或错往往被赋予一个绝对性的标准。

记下你的心得体会

【知识卡】

科尔伯格的道德发展理论

科尔伯格是一位美国心理学家，以对道德发展阶段的研究而闻名。

科尔伯格在研究道德发展阶段时，使用了一系列道德两难问题来观察个体的道德推理和判断。海因茨偷药的故事是他经常使用的一个经典的例子。海因茨偷药的故事说的是：一个叫海因茨的人，他的妻子患上了一种绝症，需要一种药物来治疗，但药物非常昂贵，海因茨负担不起，因此，海因茨面临一个道德困境——是否应该去偷这种药物来救治妻子？

科尔伯格通过向儿童和青少年提出一系列道德两难问题，观察他们的回答和解释，以了解他们的道德推理阶段。根据科尔伯格的观察和分析，不同的年龄阶段表现出不同的道德思维模式。

1. 他律阶段。年幼的儿童可能会简单地回答"不应该偷"，因为偷东西是不对的，偷东西会受到惩罚。

2. 个人主义、工具性的目的和交易。稍大一些的儿童可能会强调海因茨应该去偷药物，因为他的妻子需要治疗，自己的利益更重要。

3. 相互性的人际期望、人际关系与人际协调。随着年龄的增长，青少年开始意识到社会规则的重要性，他们可能会强调尊重财产权和法律，认为偷盗是不道德的。

4. 社会制度和良心。在这个阶段，个体开始思考社会规则的约定和合法性，他们可能会考虑到药物制造商的权利和义务，以及海因茨的道德责任。

5. 社会契约和个人权利。青春期后期的个体可能更关注个人权利和社会公平，他们可能会考虑海因茨是否有其他合法的手段来获得药物。

6. 普遍的伦理原则。在道德思维发展的高级阶段，个体可能会强调人权、尊重和公正的普遍原则，他们可能会认为救治生命比遵守法律更重要，因此支持海因茨去偷药物。

青少年阶段的认知和思维能力无法支持他们全面地获得和整合社会经验。形式运算阶段的个体能够进行逻辑思维操作，这使得之前只局限于"此时此地"的青少年成为可以跨越时间的幻想家，他们能够回顾过去和展望未来，但会将其视为现在的一部分，因而会使用一种绝对化、理想化的标准来衡量他们面临的具体生活事件。与处于这一阶段的青少年进行辩论时，你可能会发现，他们在逻辑上擅长用良好的方法陈述他们非常理想化的想法，然而，他们理想化的想法在现实生活中往往难以实现。这种理想与现实之间的差距也是青春期的青少年常常面临的一种困扰。

青春期有时也被称为人生发展过程中的"第二次心理诞生"。这意味着青春期的青少年感觉自己像初生婴儿一样第一次来到这个世界，他们会经历一些困扰，例如，发现现实世界和他们所认识、所建构的理想世界似乎不一致，这可能会让他们感到愤怒，产生反叛的情绪。这也是青春期的青少年更容易表现得像"愤青"的原因。

与青春期孩子沟通的建议

青春期孩子在学校与教师对抗，与同学相处不好，与父母的关系紧张，无法与人正常交流，甚至不愿意去上学。面对这样一个叛逆的青春期孩子，该怎样与他们沟通和交流？

记下你的心得体会

在与青春期孩子沟通时，可能会面临许多困难，这里提供了几条沟通原则供参考。

1. 倾听。听他们表达自己的想法和愿望。尽管青春期孩子往往沉默寡言，不愿与成年人交流，认为成年人都不值得信任，但倾听和建立最初的信任感是与他们交流的第一步。

2. 包容差异。青春期孩子对批评最为敏感，他们在学校被教师批评，在家里被父母唠叨，与同学交往时也可能接收到不满的信息。他们开始觉得周围的世界都与他们作对。因此，包容青春期孩子的个性和差异是与他们交往的重要法则。

3. 不灌输思想。青春期孩子已经具备一定的独立思考能力，他们有自己的判断。因此，不要过于强势地向他们灌输思想，不以粗暴的方式向他们强加观念，而应给予他们自由思考的空间。

4. 循序渐进和耐心。不要指望通过一次谈话就能完全改变一个青春期孩子。改变需要多次交流，每一次都要循序渐进，在互相信任的基础上，耐心地沟通。

5. 鼓励自主解决问题。成年人不能替代

青春期孩子解决问题。教师和父母也很难代替青春期孩子解决问题。成年人可以在一定程度上为青春期孩子提供援助，但鼓励青春期孩子建立独立应对和解决问题的勇气是非常重要的。不单单是青春期孩子，每个人，包括来访者，都不能期望心理工作者可以直接为他解决问题，每个人都要培养独立面对和解决问题的勇气和信念。在必要且可行的情况下，成年人或心理工作者可以陪伴青春期孩子进行必要的探索。

6. 自愿的原则。面对青春期孩子，心理工作者要给他们足够的自由和选择的空间，而不是要求青春期孩子必须接受心理工作者提供的服务，必须接受心理治疗和心理咨询。事实上，无论是临床心理学工作者，还是社区心理工作者，都要遵循自愿的原则。

7. 注意青春期孩子的独特需求。青春期孩子的情绪发展与需求与婴儿期或童年早期孩子的情绪发展和需求是不同的，对此要予以关注。家长、教师和社区心理工作者在与青春期孩子交流时，应理解青春期孩子独特的情绪发展特点和心理需求。

8. 提供合适的帮助形式。婴儿期孩子更需要身体上的关爱，如抚摸和照料。随着孩子逐渐成长，儿童更需要心灵世界的关注和陪伴。青春期孩子除了需要物质上的满足以外，更要心理上的理解和支持。此时，家长和教师要了解青春期孩子的心理需求，提供的帮助形式从身体接触转向心灵沟通。青春期孩子正在尝试与父母、教师建立一种新的交往方式。在青春期，家长和教师要及时调整自己的角色，以一种新的方式与孩子进行平等的交流。不再将青春期孩子视为无知、需要指导的小孩子，而将其视为可以平等对话的伙伴，可以向其咨询和寻求帮助的对象。这种角色的转变能够使家长和教师与青春期孩子的交流更加顺畅。在青春期，家长和教师不仅仅是传授知识和指导行为的角色，还应是为青春期孩子提供支持的伙伴。家长和教师可以主动询问青春期孩子的想法和感受，与他们共同探讨问题，并给予适当的建议和支持。这种新的平等的交流方式给交流和沟通带来了更多的可能性和开放性，为青春期孩子提供了更多表达自己的机会，

促进了彼此之间的理解和信任。同时，开放
的、平等的沟通与交流也使家长和教师更了
解青春期孩子的需求和挑战，更能为青春期
孩子提供可以满足他们成长需求的帮助。

小结

1. 青春期情绪发展面临诸多挑战与变化：（1）情绪的进一步发展和
情感的分化；（2）转型期情绪体验混乱；（3）自我意识断裂——参照系发
生了变化；（4）情绪的两极化现象严重。

2. 与青春期孩子沟通的建议：（1）倾听；（2）包容差异；（3）不灌
输思想；（4）循序渐进和耐心；（5）鼓励自主解决问题；（6）自愿的原
则；（7）注意青春期孩子的独特需求；（8）提供合适的帮助形式。

反思·实践·探究

小七（化名）是一个聪明、勤奋的学生，她一直以来都在努力学习，
为了考入一所重点中学，她付出了很多努力。然而，进入这所重点中学
后，她却遇到了一位极其严厉的教师。

这位教师以独特的教学方式和技巧闻名，她的教学方式和技巧确实能
够帮助学生更好地掌握知识。然而，这位教师也经常给全班同学施加精神
压力，包括小七。小七非常害怕这位教师，每天都过得很紧张。

一次考试，小七的成绩非常不理想。这位严厉的教师在全班同学面前斥责了小七，这让小七感到羞愧和委屈。从小到大，她一直备受教师的称赞，这次的批评让小七感到异常难受，她开始怀疑自己的能力和价值。

除了学校的打击，小七还面临着经济上的困难。与班上其他同学相比，小七的家境并不富裕。她看到同学穿着时尚的衣服，拥有各种好玩的玩具，而自己却无法与他们相媲美，于是产生了自卑感，觉得自己不如别人。

一连串的打击和困惑让小七变得消沉和沮丧，她开始逃课，不愿再去面对那位严厉的教师和班级同学带来的压力。小七沉浸在自己的痛苦中，不知道如何应对这一切。

然而，小七的父母并没有责怪她，他们觉察到了小七的困境和痛苦。他们决定与她坐下来谈谈，倾听她的心声。小七聊到了她的恐惧、她的伤心、她的不甘……

同时，父母决定和这位教师进行沟通。他们表达了对小七在学校遭遇的担忧，并希望这位教师能够关注学生的心理健康和情感需求，以一种更适合小七的方式提供指导。这位教师表示理解并承诺转变教育方式。

小七感受到了父母的支持和理解，同时也因父母的支持和帮助感到鼓舞，有了重新面对学校挑战，努力克服自己困难的勇气和信心。

1. 该案例中，小七的父母是如何引导小七有效表达自己的情感和需求的？

2. 在与青春期孩子沟通时，父母和老师应该如何把握沟通的尺度，既给予指导和支持，又给青春期孩子留下自主解决问题的空间？

情绪与健康

压力与情绪

【知识导图】

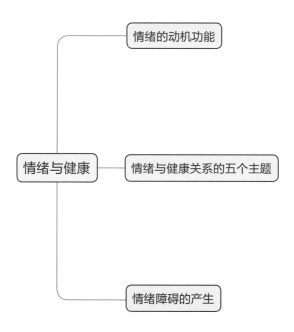

情绪究竟如何影响健康？近年来，"情绪对健康的影响"成为一个越来越受公众和研究者关注的话题。接下来，我们将呈现近年来一些比较新颖的理论性研究，以探讨、解析情绪与健康之间的关系。

首先，我们试图回答以下两个问题：（1）情绪究竟会给人带来什么影响，即情绪如何影响个体的生活？（2）情绪如何影响个体的健康，即情绪与健康之间有什么样的关系？

情绪的动机功能

传统的心理学研究将情绪的功能归纳为以下三个方面：适应功能、社会化功能和生理唤醒功能。适应功能是指情绪在个体适应环境中扮演着重要角色。不同的情绪状态可以帮助个体应对不同的情境和挑战。例如，恐惧情绪可以促使个体采取逃避危险的行动，而愉悦情绪则有助于个体采取积极行为，并重复积极行为。社会化功能是指在人际交往和社会互动过程中，通过情绪表达，

记下你的心得体会

压力与情绪

个体能够传达他们的感受和需求，与他人建立情感联系，并理解他人的情感状态。情感表达有助于建立亲密关系、解决冲突和维护社交纽带。生理唤醒功能是指情绪能够影响身体的生理变化，如心率、呼吸和激素水平。这些生理变化有助于个体应对潜在的威胁，把握潜在的机会。例如，愤怒情绪可以引发生理激活，增加行动能力，而悲伤情绪则可能导致生理放松，有助于恢复和保护自我。

情绪与动机之间存在紧密的互动关系。情绪是动机的触发器，激发和调节个体的行为，以满足各种生存、社交和生理需求。情绪与动机的相互作用有助于个体更好地适应环境、建立社交联系并维护生理平衡。

情绪唤醒水平或激活水平与工作效率之间并非线性关系，而是呈倒"U"关系（如图6所示）。当情绪唤醒水平较低时，如昏昏欲睡时，工作效率较低。然而，若情绪唤醒水平过高，导致紧张和手颤抖等状况，同样无法顺利完成工作。只有在情绪唤醒水平适中的时候下，人们的工作效率最高。

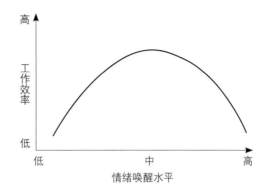

图 6　情绪唤醒水平与工作效率的关系

另外，动机的最佳水平随任务难度不同而不同（如图 7 所示）。在容易 / 简单的任务中，工作效率随动机的提高而上升；而随着任务难度的增加，动机的最佳水平有逐渐下降的趋势。换句话说，如果任务难度较大，那么较低的动机水平更有利于完成任务。

记下你的心得体会

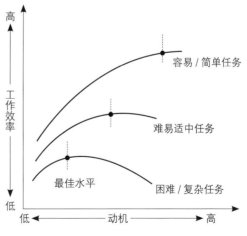

图 7　不同难度任务的效率水平与
动机水平的关系

情绪与健康关系的五个主题

在情绪与健康关系的众多主题中，第一个备受关注的主题是应激与健康的关系。在实际工作和现实生活中，情绪过度激活、强烈的情绪状态或持久的情绪激活可能会导致健康问题。当个体应激水平持续过高或持续处于应激状态时，个体可能会出现健康问题。一些研究已经证实，一些类型的胃病和皮肤病等与长期的应激状态相关联。

第二个主题是创伤后应激障碍与健康的关系。创伤后应激障碍是情绪问题领域一个非常重要的问题。当一个人经历了巨大的灾难性事件，如车祸、地震、战争或重大疾病后，往往会持续长期地受情绪问题的困扰，这可能就是创伤后应激障碍。有效应对创伤后应激障碍已经成为情绪与健康领域一个重要的研究主题。研究者针对这一主题进行了多项研究，以寻找有效的干预手段和治疗方法，帮助那些受创伤后应激障碍影响的人们恢复健康。

【知识卡】

你知道什么是创伤后应激障碍吗

你看过李安导演的电影《比利·林恩的中场战事》吗？这部电影描绘和探讨了创伤后应激障碍的典型表现。一群年轻的士兵在战争结束后胜利归来，在盛大的庆典上，美丽的烟花在空中绽放，人群为他们欢呼喝彩。然而，烟花带来的火光和人群的喧嚣仿佛将这些士兵带回战场，火光化作硝烟、炮火和枪林弹雨，喧嚣的人群成了敌人。在最荣耀的日子里，这些年轻的士兵的脑中响起警戒的信号，他们心神不宁、神经绷紧。创伤后应激障碍是在经历严重的创伤或灾难性事件后出现的一种心理障碍。创伤后应激障碍对个体的情绪、思维和行为产生持久的负面影响。

创伤后应激障碍的识别和应对是一个复杂的过程，需要专业人员进行评估和提供支持。根据《精神障碍诊断与统计手册（第五版）》（*The Diagnostic and Statistical Manual of Mental Disorders*，5th，简称 DSM-5）的诊断标准，判断和识别创伤后应激障碍需要满足以下条件。

A. 以下述 1 种（或多种）方式接触于实际的或被威胁的死亡、严重的创伤或性暴力：

1. 直接经历创伤事件。

2. 目睹发生在他人身上的创伤事件。

3. 获悉亲密的家庭成员或亲密的朋友身上发生了创伤事件，在实际的或被威胁死亡的案例中，创伤事件必须是暴力的或事故。

4. 反复经历或极端接触创伤事件中令人作呕的细节（例如，急救员收集人体遗骸；警察反复接触虐待儿童的细节）。

注：诊断标准 A4 不适用于通过电子媒体、电视、电影或图片的接触，除非这种接触与工作相关。

B. 在创伤事件发生后，存在以下一个（或多个）与创伤事件有关的侵入性症状：

1. 创伤事件反复的、非自愿的和侵入性的痛苦记忆。

注：6 岁以上儿童，可能通过反复玩与创伤事件有关的主题或某方面内容来表达。

2. 反复做内容和 / 或情感与创伤事件相关的痛苦的梦。

注：儿童可能做可怕但不能识别内容的梦。

3. 分离性反应（例如闪回），体的感觉或举动好像创伤事件重复出现（这种反应可能连续出现，最极端的表现是对目前的环境完全丧失意识）。

注：儿童可能在游戏中重演特定的创伤。

4. 接触象征或类似创伤事件某方面的内在或外在线索时，产生强烈或持久的心理痛苦。

5. 对象征或类似创伤事件某方面的内在或外在线索，产生显著的生理反应。

C. 创伤事件后开始持续地回避与创伤事件有关的刺激，具有以下一项或两项情况：

1. 回避或尽量回避关于创伤事件或与其高度密切相关的痛苦记忆、思想或感觉。

2. 回避或尽量回避能够唤起关于创伤事件或与其高度相关的痛苦记忆、思想或感觉的外部提示（人、地点、对话、活动、物体、情景）。

D. 与创伤事件有关的认知和心境方面的负性改变，在创伤事件发生后开始或加重，具有以下两项（或更多）情况：

1. 无法记住创伤事件的某个重要方面（常是由于分离性遗忘症，而不是诸如脑损伤、酒精、毒品等其他因素所致）。

2. 对自己、他人或世界持续性放大的负性信念和预期（例如，"我很坏""没有人可以信任""世界是绝对危险的""我的整个神经系统永久性地毁坏了"）。

3. 由于对创伤事件的原因或结果持续性的认知歪曲，导致个体责备自己或他人。

4. 持续性的负面情绪状态（例如，害怕、恐惧、愤怒、内疚、羞愧）。

5. 显著地减少对重要活动的兴趣或参与。

重要的是，非专业人士不能进行创伤后应激障碍的诊断或为创伤后应激障碍患者提供治疗，但可以扮演支持者的角色，协助创伤后应激障碍患者寻求专业帮助，并提供理解和支持。如果您认为某人可能患有创伤后应激障碍，请鼓励他们咨询专业人士以获得恰当的评估和治疗。

第三个主题是自我效能感与健康的关系。自我效能感是一个在社会心理学领域备受关注的重要研究主题。然而，近年来，自我效能感逐渐在健康领域引起了关注。自我效能感对个体应对情绪问题有直接而重要的影响。

以抑郁状态为例，当我们告诉处于抑郁状态的个体参加体育活动可以有效改善抑郁状态，减轻心理困扰时，不同的人对此建议的采纳度可能是不同的。有些人积极接受建议，参加体育锻炼，改善了抑郁状态。然而，也有些人可能对此建议持怀疑态度或不愿采纳这个建议。这种采纳度的差异在很大程度上受个体自我效能感的影响。当个体认为，自己有能力进行体育锻炼并且在第一次参加体育锻炼后发现自身的身体和情绪状态有明显改善时，他们的自我效能感会增强，对自我的运动能力有了新的认识，这种体验使他们能更主动地参加体育锻炼，积极应对抑郁情绪。然而，如果个体认为自己缺少运动能力，或参加体育运动后感觉自己的身体状态不佳时，他们的自我效能感会降低，这使他们更不愿意参加体育运动。

可见，自我效能感在个体参加体育运动、积极应对情绪问题方面发挥着重要的调节作用。自我效能感高的个体，更有动力和自信采取积极的行动来解决情绪问题。因此，自我效能感对个体心理健康有积极的影响。

第四个主题是习得性无助与健康的关系。习得性无助是心理学中一个重要的概念，与个体的健康密切相关。习得性无助指个体在面对挑战或困难时出现一种认为自己无法掌控和改变情况的无助的感觉，从而导致个体产生消极的期望和无助的态度。

塞利格曼（Martin Seligman）开展了与习得性无助相关的实验研究。塞利格曼通过实验发现，动物长时间无法逃脱或避免电击后，会放弃逃脱行为，产生一种无法改变或控制环境的感觉，即习得性无助。类似地，人在面对持续的失败、挫折或无法改变的困境时，也可能形成习得性无助的思维模式。习得性无助与健康之间存在密切的关系。研究表明，习得性无助与许多心理和身体健康问题相关联。以下是与习得性无助有关的三个方面：（1）心理健康问题。习得性无助与抑郁、焦虑和情绪失调等心理健康问题密切相关。个体对自身能力失去信心和对未来消极期望可能导致心理压力和心理不适。（2）身体健康问题。习得性无助与身体健康问题，如慢性疲劳、免疫功能下降、消化问题等相关。习得性无助可能导致应激激素的异常释放和免疫系统的紊乱，进而影响身体的健康状况。（3）应对能力下降。习得性无助会降低个体应对挑战和困难的能力。个体可能更倾向于回避困境，放弃尝试，从而影响自身的成长、发展，降低适应能力。

第五个主题是情绪与多种身体疾病的关系。心脏病心身病理研究探索情绪、心理状态和行为与心脏病发生、发展和结果之间的关系。大量研究探索了心脏病与情绪状态之间的关联，发现情绪状态对心脏病的发病和病程有影响。长期处于压力、焦虑和抑郁等负面情绪状态会增加心脏病发作的风险。

除了心脏病，一些研究者还关注心理性因素与其他疾病的关系。心理性因素与癌症的发生和发展有一定关联。情绪因素可能通过影响免疫系统的功能、生活方式的改变和治疗的依从性等方面对癌症产生影响。此外，心理性因素也与消化道疾病的发生和发病有关。压力、焦虑和抑郁等情绪状态可以影响胃肠道的正常功能，导致消化问题。情绪与免疫系统之间也存在相互作用。情绪状态可以影响免疫系统的功能，长期的压力和负面情绪可能削弱人体免疫系统功能，增加

记下你的心得体会

感染和疾病的风险。因此，情绪管理对于维护个体身体健康至关重要。积极的情绪状态和良好的心理健康可以促进身体的养护和康复，减少慢性疾病发生的风险。这些研究为深入理解情绪与健康之间的关系提供了有价值的信息，并为制订更全面的治疗和预防策略提供了依据。然而，仍需进一步研究来揭示情绪和健康之间具体的机制，建立更准确的因果关系。

情绪障碍的产生

情绪与健康关系密切。情绪障碍是如何产生的？例如，相当常见的两种情绪障碍——焦虑症和抑郁症是如何产生的？普通人也会有焦虑和抑郁，这与焦虑症患者的焦虑和抑郁症患者的抑郁有什么区别？正常的情绪反应和病理性的情绪反应的产生机制是否不同？为了讨论这些内容，接下来，我们将进行一些基础性的理论分析。

我们知道，情绪具有适应功能。情绪作为一种体验，不单单指人拥有的体验，实际上，情绪是有机体和环境互动过程中的一种反应特征。个体和环境发生互动，在这个互动过程中，中间的界面就是个体的反应特征（如图 8 所示）。个体做出的动作就是有机体对环境的一个响应。在这个过程中，一个能够健康成长和存活的个体一定是能够适应环境并和环境达成一种平衡状态的有机体。

当个体与环境之间的平衡状态被打破的时候，个体就会进入一种积极的活跃状态，努力去恢复平衡状态。在这种活跃状态下，个体就会表现出特定的情绪性表达。在互动建构的进化论语境中，个体的心理健康问题也是自我与环境的适应和平衡问题。

我们需要对图 8 所示个体与环境的互动模型进行更深层次的改进。图 8 所示个体与环境的互动模型描述了个体与环境之间的互

記下你的心得体会

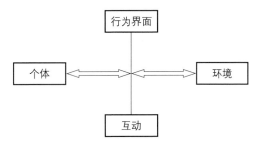

图 8　个体与环境的互动模型

动过程，适用于从单细胞生命体到具有复杂自我意识的人类。在这个跨度中，该模型成功描绘了个体与环境之间的互动以实现适应性平衡状态。

然而，要描述人类特有的社会行为和复杂体验，我们需要在图8个体与环境的互动模型的基础上添加一个新的维度，即人类独特的自我意识体验（如图9所示）。当个体具有自我意识时，个体面临的环境不仅仅是自然环境或社会环境，而是个体构建的"世界"。个体建构的"世界"特指拥有自我意识的个体所感知和理解的外部世界，我们将其称为"生成的世界"。

在个体与环境互动过程中，个体需要和"生成的世界"发生关联，同时，个体也要

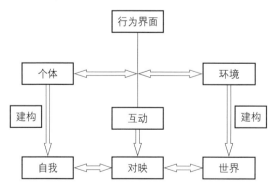

图9 个体与环境的复杂互动模型

在"生成的世界"中寻求自我存在的意义和确定性，即人总是希望和世界达成一个确定性的协议——我在世界中存在，在世界中生存，我需要一个确定的位置，确定的价值和意义。人需要获得世界给予的确定性，人希望他面临的世界是有足够确定性的世界，而不是充满了战争、疾病这种不可预测和缺乏规律的世界。安居乐业就是对"世界的确定性"的最朴素的表述。同时，人也需要获得关于自己的确定性，人希望有适合自己的工作，希望有一份稳定的收入，希望生活在相对稳定的社区，希望有稳定的家庭……这都属于"自我的确定性"的一种诉求。

在自我和环境的互动过程中所形成的对于世界和自我这两方面确定性的要求，就成为具有重要的生存意义和生存价值的人的基本诉求。基于此，自我和世界之间的关系进一步丰富，构成了如图 10 所示这样一个模型。

在自我和世界的关系模型中，个体需要处理两个关键方面：主体自我和客体世界。对于主体自我，个体追求的确定性包括自我同一性、连续性、自洽性、自尊、自我认同

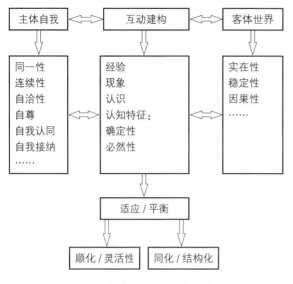

图 10 自我和世界的关系模型

和自我接纳。个体需要建立一个完整的、连续的自我体验和概念，这被统称为"自我概念"。对于客体世界，个体寻求实在性、稳定性和因果性的认识。个体应该能回答关于世界的"为什么"和"是什么"的问题，并期望有确定的答案。在自我和客体世界之间，个体需要探讨如何获得世界的确定性和如何建立自我的确定性。这涉及个体如何与世界互动，包括三个方面，即个体的经验、个体能观察和学习的现象以及个体的认知过程。这三个方面需要构成一个平衡且互相适应的系统。如果这个系统不平衡，可能会导致一系列情绪性反应，如焦虑、愤怒或抑郁，只有当这个系统恢复平衡，个体和环境之间的关系才会达到让人舒适的状态。

在自我和世界的关系模型中，个体努力通过两种方式适应客体世界：顺化和同化。顺化是指个体灵活地调整自己以适应客体世界的变化；同化是指将复杂的客体世界进行结构化处理，使之能够与自我结构和自我概念相符合。这种个体与环境的互动可以被看作是一种基础的哲学理念。在这个自我和世界的关系模型中，确定性是互动建构的认知特征，而适应性的方向则表现为同化（结构化）和顺化（灵活性）。

个体对客体世界的响应可以分为认知和行动两种形式。我们将针对自我、环境以及主客体关系的认知和行动分别组合，形成个体对客观世界的六种响应方式（见表1）：指向自我的认知、指向自我的行动、指向环境的认知、指向环境的行动、指向关系的认知和指向关系的行动。这六种响应方式可能分别引发不同的情绪反应、情绪问题或心理障碍。

记下你的心得体会

131

表 1　个体对环境的六种响应方式

	认　知	行　动
指向自我	指向自我的认知	指向自我的行动
指向环境	指向环境的认知	指向环境的行动
指向关系	指向关系的认知	指向关系的行动

从人与环境互动的角度看，心理健康问题源自个体与环境互动的平衡状态失去平衡。互动策略包括：内向的顺化调节、外向的同化调节和二者间的关系调节。任何一种互动策略的失衡都可能导致心理健康问题。如果内向的顺化调节失去平衡，那么可能会引起自我体验的偏差，产生一系列与自我体验调节系统有关的内源性情绪问题及相应的情绪或行为障碍，如抑郁症和焦虑症。如果外向的同化调节失去平衡，那么可能会导致个体对环境的认知和体验出现偏差，引发外源性情绪问题及相应的情绪或行为障碍，如恐惧症和强迫症。如果二者间的关系调节失去平衡，那么可能会引起自我与环境、自我与他人关系的问题，出现丧失边界感、冷漠、回避等社会关系方面的症状。

132

小结

1. 情绪与健康问题紧密相连。

2. 情绪是个体与环境互动建构的结果。在处理个体与环境的关系时，个体的响应方式无论是指向自我、指向世界还是指向关系，失去平衡都可能导致相应的情绪问题或行为障碍。

反思·实践·探究

案例一：自恋型人格障碍的案例

约翰是一名高级经理，他总是认为自己应当在工作和生活中得到最好的。他经常炫耀自己的成就，并期待别人的赞美和钦佩。约翰很难接受批评。在遭受挫败时，约翰会感到非常痛苦和羞耻。他不太理解和同情他人的需求和感受，他的关注点主要是维持和提升自己的自尊和自我形象。约翰的同事和朋友经常感到被约翰忽视和利用。

案例二：强迫症的案例

大卫是一名中年男子，他每天都要花费数小时进行清洁和检查。例如，因为他总是担心他的手上有细菌或者脏东西，所以他会重复洗手，即使他的手已经非常干净。他还会反复检查窗户和门是否已经关好，以防止被盗，即使他知道他已经检查过多次，并且他的家是安全的。

大卫明白他的行为是不合理的，但他无法阻止自己重复这些行为。如果他试图停止这些行为，他会感到极度的焦虑和不安，只有通过重复这些行为才能减轻他的焦虑。这些重复仪式严重影响了大卫的日常生活和工作，使他无法集中精力完成其他的任务。

注：以上案例是为了说明某一障碍的表现虚构的，并非真实病例。

1. 以上两个案例中，个体的应对策略是指向自我、指向环境，还是指向关系？

2. 对于指向自我的来访者，情绪管理师应该如何解决他们在社会交往中遇到的问题？